水利工程设计与研究丛书

大中型水闸除险加固研究与处理措施

本书编委会 编著

中国水利水电出版社
www.waterpub.com.co

内 容 提 要

本书为《水利工程设计与研究丛书》之一，内容以论述大中型水闸存在的常见病险问题，探讨了如何进行大中型水闸除险加固措施，介绍了大中型水闸除险加固的设计标准及处理措施，涉及众多专业，提供了便于在设计中使用的公式、计算方法、技术资料。介绍了在水库加固处理中运用的新技术、新方法、新材料、新工艺。

本书内容丰富，实用性强，可供从事水利水电工程工作的规划设计、施工、运行、科研、教学等科技人员参考，也可作为大专院校师生的参考资料。

图书在版编目（ＣＩＰ）数据

大中型水闸除险加固研究与处理措施 / 《大中型水闸除险加固研究与处理措施》编委会编著. -- 北京 ：中国水利水电出版社，2014.8
　（水利工程设计与研究丛书）
　ISBN 978-7-5170-2319-7

Ⅰ．①大… Ⅱ．①大… Ⅲ．①水闸－加固 Ⅳ.
①TV698.2

中国版本图书馆CIP数据核字(2014)第181861号

书　　名	水利工程设计与研究丛书
	大中型水闸除险加固研究与处理措施
作　　者	本书编委会　编著
出版发行	中国水利水电出版社
	（北京市海淀区玉渊潭南路1号D座　100038）
	网址：www．waterpub．com．cn
	E-mail：sales@waterpub．com．cn
	电话：(010) 68367658（发行部）
经　　售	北京科水图书销售中心（零售）
	电话：(010) 88383994、63202643、68545874
	全国各地新华书店和相关出版物销售网点
排　　版	中国水利水电出版社微机排版中心
印　　刷	北京纪元彩艺印刷有限公司
规　　格	184mm×260mm　16开本　12印张　285千字
版　　次	2014年8月第1版　2014年8月第1次印刷
印　　数	0001—1000册
定　　价	**48.00元**

《大中型水闸除险加固研究与处理措施》

编 写 委 员 会

宋爱华　陈丽晔　杨　立　侯庆宏

夏　磊　褚　丽　姜苏阳

前　言

　　水闸主要利用闸门挡水和泄水的中低水头水工建筑物。它具有挡水和泄水的双重功能，在防洪、治涝、灌溉、供水、航运、发电等方面应用十分广泛，多建于河道、渠系、水库、湖泊及滨海地区。按其作用可分为 进水闸、分水闸、节制闸、泄水闸、冲沙闸、挡潮闸、排水闸等。

　　我国已建成各类水闸5万多座。数量为世界之最。但是我国现有的水闸大部分运行已达30～50年，建筑物接近使用年限，金属结构和机电设备早已超过使用年限。经长期运行，工程老化严重，其安全性及使用功能日益衰退。加上工程管理手段落后，许多水闸的管理经费不足，运行、观测设施简陋，给水闸日常管理工作带来很大困难，无法根本解决病险水闸安全运行问题。另外，水体污染加快了水闸结构的老化过程，危及闸体结构安全。目前我国水闸存在着防洪标准偏低、施工质量差、设施配套不全等问题，再加上管理运用不当、工程老化破损，致使存在工程病害险情，使用功能下降，不但影响到水闸功能的正常发挥，而且成为防汛工作的隐患，需尽快除险加固，以保证水闸安全和防洪保护区人民生命财产安全，减免洪涝水害给国民经济造成的损失。

　　目前我国水闸存在的病险种类繁多，从水闸的作用及结构组成来说，主要可分为以下9种病险问题。①防洪标准偏低。防洪标准（挡潮标准）偏低，主要体现在宣泄洪水时，水闸过流能力不足或闸室顶高程不足，单宽流量超过下游河床土质的耐冲能力。②闸室和翼墙存在整体稳定问题。闸室及翼墙的抗滑、抗倾、抗浮安全系数以及基底应力不均匀系数不满足规范要求，沉降、不均匀沉陷超标，导致承载能力不足、基础破坏，影响整体稳定。③闸下消能防冲设施损坏。闸下消能防冲设施损毁严重，不适应设计过闸流量的要求，或闸下未设消能防冲设施，危及主体工程安全。④闸基和两岸渗流破坏。闸基和两岸产生管涌、流土、基础淘空等现象，发生渗透破坏。⑤建筑物结构老化损害严重。混凝土结构设计强度等级低，配筋量不足，碳化、开裂严重，浆砌石砂浆标号低，风化脱落，致使建筑物结构老化破损。⑥闸门锈蚀，启闭设施和电气设施老化。金属闸门和金属结构锈蚀，启闭设施和电气设施老化、失灵或超过安全使用年限，无法正常使用。⑦上下游淤积及闸室磨蚀严重。多泥沙河流上的部分水闸因选址欠佳或引水冲沙设施设计不当，引起水闸上下游河道严重淤积，影响泄水和引水，闸室结构磨蚀现象突出。⑧水闸抗震不满足规范要求。水闸抗震安全不满足规范要求，地震情况下地基可能发生震陷、液化问题，建筑物结构型式和构件不满足抗震要求。⑨管理设施问题。大多数病险水闸存在安全监测设施缺失、管理房年久失修或成为危房、防汛道路损坏、缺乏备用电源和通讯工具等问题，难以满足运行管理需求。

水利部 1998 年 6 月发布的《水闸安全鉴定规定》（SL 214—98）将水闸安全类别划分为四类，水闸除险加固的重点主要是三类、四类闸。影响病险水闸除险加固效果的关键因素是水闸安全鉴定结论的准确性和病险水闸除险加固设计方案对恢复水闸设计功能的可行性、有效性和经济性。

山东东平湖 3 个大中型水闸，其中林辛闸和码头闸为泄水闸，马口闸为灌溉、排涝闸。结合东平湖其他水闸，这些水闸为有序控制下泄洪水、保证东平湖水库的安全运用、确保黄河下游防洪安全，起到了至关重要的作用。因其功能、结构不同，以及建设年代不同，这 3 座闸各有特点，其加固方法和处理措施各有特色。

3 座水闸均为泄洪闸，安全鉴定为三类闸，需除险加固。因其功能、结构不同，以及建设年代不同，这 3 座闸各有特点，其加固内容和加固方法宜各有特色。3 座水闸除险加固的设计方法及处理措施研究，其主要内容包括：洪水标准、工程地质勘察、工程任务和规模、水闸加固处理措施、机电及金属结构、施工组织设计、占地处理及移民安置、水土保持设计、环境影响评价、设计概算等方面。

通过对 3 座不同类型的大中型病险水闸工程进行了几个方面内容的研究：一是根据新的水文资料，复核水闸规模；二是达标完建尚缺工程设施；三是维修加固已遭破坏工程设施。采取不同方法的除险加固措施设计与处理，通过新技术在大中型水闸除险加固中的应用，使得病险水闸加固工作加固与提高、加固与技术进一步相结合，广泛采用新技术、新方法、新材料、新工艺，力求体现先进性、科学性和经济性，力求在病险水闸治理的工程设计技术方面有所突破。为水闸除险加固改造的设计和施工提供有价值的参考，促进设计水平和工程质量的提高，高效、经济、安全、合理地开展水闸除险加固工作。

　　宋爱华编写了内容提要、前言及第 7 章；陈丽晔编写了第 5 章、第 8 章、第 13～15 章、第 18 章；杨立编写了第 10～12 章、第 19 章；侯庆宏编写了第 9 章、第 20～25 章；夏磊编写了第 1～4 章；褚丽编写了第 6 章、第 16～17 章；全书由姜苏阳统稿。

　　为总结探讨大中型水闸除险加固的经验，兹编写本书，以期与同行进行技术交流。本书得到了多位专家的大力支持，在此表示衷心的感谢！由于本书涉及专业众多，编写时间仓促，错误和不当之处，敬请同行专家和广大读者赐教指正。

作　者

2014 年 2 月

目　　录

1 东平湖滞洪区概述

1.1 简介

东平湖滞洪区总面积 627km²，以二级湖堤为界分为新、老两个湖区，实施滞洪分级运用。设计滞洪水位 46m，库容 39.79 亿 m³，当前运用水位 44.5m，相应库容 30.42 亿 m³。

东平湖滞洪区位于山东省梁山、东平和汶上县境内，位于黄河由宽河道进入窄河道的转折点，是分滞黄河、汶河洪水、保证艾山以下窄河段防洪安全的重要水利工程。

东平湖地处黄河和汶河下游交汇的条形洼地上，位于大汶河下游山东省东平县境西部，北纬 35°30′～36°20′、东经 116°00′～116°30′。湖区总水面面积 627km²，分老湖和新湖。东平湖上承大汶河来水，南与运河相连，北由小清河与黄河沟通，为山东省第二大淡水湖，水资源丰富。

东平湖是黄河下游最大的滞洪区，主要作用是削减黄河洪峰，调蓄黄河、汶河洪水，控制黄河艾山站下泄流量不超过 1 万 m³/s。东平湖在分滞黄河和大汶河洪水、保障黄河下游防洪安全等方面，发挥了重要的作用。

东平湖区域淡水资源主要来源有 3 个：天然降水、大汶河来水和地下水。此外，还有黄河不定期分洪产生的水量。其中，大汶河来水是东平湖主要的供水水源。

东平湖为保障黄河下游防洪安全，充分发挥蓄滞洪区的防洪功能，其蓄水兴利作用并不明显，导致当地地表水水资源利用率极低。据统计，现状条件下，东平湖区域水资源利用率只有 5% 左右，主要是利用地下水，地下水的开采率平均已达到 72.8%，地表水资源利用率却很低，地表水资源具有较大的开发潜力。

东平湖除了拥有丰富水资源条件之外，湖内山水相依、绿树成荫，具有独特的生态景观，并拥有丰富水生物资源。

由于黄河河道逐年淤积抬高，东平湖蓄洪运用后向黄河排水越来越困难。为提高东平湖北排入黄的泄流能力，2002 年汛前对出湖河道进行了开挖，使出湖河道最大泄流能力达到 2350m³/s，并在入黄口处修建了庞口防倒灌闸。这些工程在近两年的防汛抗洪中发挥了显著的作用。但是，由于庞口闸泄流能力明显偏小，造成东平湖高水位持续时间长，加大了工程出险几率，庞口防倒灌围堰破除几率增大。一旦围堰破除，黄河来水需要再次围堵，不但取土困难，而且围堵时机很难把握，围堵不及时又将造成河道淤积。

东平湖老湖蓄滞洪运用后一旦向北排水入黄受阻，在紧急情况下可以利用八里湾闸通过流长河连通司垓闸向南四湖紧急泄水。南排流路虽然由于八里湾泄水闸的建成有了基本的控制手段，但整个排水系统尚不完善，一旦南排，必然产生倒灌，造成两岸农田受淹。

因此，目前尚不具备向南泄水的条件。

东平湖二级湖堤是决定老湖调蓄能力的关键工程，设计为4级堤防，标准偏低，难以抵御风浪的淘刷。石洼、林辛、陈山口等5座进出湖闸供变电设备、启闭设备及备用电厂机电设施已经严重老化，运行中经常出现故障，而且维修困难，难以保证分泄洪闸的正常启闭。东平湖沿湖建有多座小型排灌涵闸，但大部分涵闸建于20世纪六七十年代，目前存在设防标准不足、渗径达不到标准、基础渗水、设备老化严重、堤身断面不足、沉陷下蛰等安全问题。沿湖的卧牛堤、斑清堤、两闸隔堤、青龙堤、玉斑堤修筑时由于多种原因，造成堤身质量差，库区蓄水运用以来，高水位时全段渗水严重。石护坡年久失修，损坏严重，难以保证度汛安全。大清河险工和控导工程已多年未进行改建，坦石坡度较陡，根石台顶宽小于2m，坝顶宽度严重不足，极易出险。一旦发生险情，抢护困难，遇较大洪水时易造成垮坝事故。

东平湖滞洪区工程包括围坝、二级湖堤、山口隔堤及进出湖闸等组成。二级湖堤将湖区分为新、老湖区两部分，老湖区与汶河相通。东平湖围坝从徐庄闸至武家漫全长88.30km，其中徐庄闸至梁山国那里（0+000~10+471）为黄、湖两用堤；梁山国那里至武家漫（10+471~88+300）为滞洪区围坝，坝顶高程47.33~46.4m（黄海高程，下同），坝顶宽9~10m，坝高8~10m，临湖边坡1:3，背湖边坡1:2.5，临湖干砌石护坡顶高程约43.90m；老湖区设计分洪运用水位44.79m，新湖区设计分洪运用水位43.79m；二级湖堤从林辛闸至解河口长26.731km，堤顶高程46.79m左右，顶宽6.0m，堤高5~9m，临背边坡均为1:2.5，临老湖区面高程46.59m以下修有石护坡。

东平湖进湖闸有石洼、林辛、十里堡、徐庄和耿山口五座组成，原设计总分洪流量11340m³/s，由于徐庄、耿山口两闸的引水渠较长和闸前淤积等因素影响，已堵复。根据1982年实际分洪情况分析，现东平湖最大分洪能力为8500m³/s，考虑侧向分洪不利因素，按7500m³/s设计；退水闸有陈山口和清河门两座，原设计退水能力2500m³/s，由于受黄河河床逐年淤积抬高的影响，退水日趋困难。为确保水库运用安全，并考虑湖区早日恢复生产，1987年冬开始兴建司垓退水闸，1989年竣工，退水入南四湖，设计退水能力1000m³/s。

东平湖滞洪区共有水闸22座，其中分洪闸6座，其他水闸16座。大多数闸修建于20世纪60~70年代，大多已运行40多年，由于近几年东平湖运用情况发生了变化，1993年黄委批准《东平湖扩大老湖调蓄能力工程规划报告》，老湖运用水位由43.29m提高到44.79m。但这些水闸未进行改建加固，其中许多水闸防洪标准不满足要求；在近几年运用中，部分水闸出现机电设备老化、闸门漏水以及混凝土裂缝、炭化剥落、钢筋锈蚀等现象。通过初步分析，马口闸、码头泄水闸、流长河泄水闸、堂子排灌涵洞、卧牛排灌涵洞等5座水闸需加固或改建。

1.2 东平湖滞洪区存在的问题

1.2.1 分洪问题

分滞黄河洪水是东平湖滞洪区的首要功能，能及时分洪削峰是确保黄河下游安全的关键。目前，黄河向东平湖分洪有石洼、林辛、十里堡等三座分洪闸，总设计分洪能力

8500m³/s。其中石洼分洪闸向新湖区分洪，设计分洪流量 5000m³/s，始建于 1967 年，1969 年完成，1979 年完成改建；林辛、十里堡两座分洪闸向老湖区分洪，设计流量合计为 3500m³/s，分别始建于 1968 年和 1960 年，分别于 1980 年和 1981 年进行了改建。目前，影响分洪的主要问题是 3 座分洪闸的机电设施严重老化。一是所用机电设备（主要是启闭电机）均为 20 世纪六七十年代生产，经过多年运用，自身老化严重，维修十分困难；二是动力部分，包括变压器、动力线路、配电盘等，由于一直没有更换，早已被国家列为禁用产品，不仅运行中经常出现故障，维修困难，而且当地电业部门已多次发出整改通知，要求立即进行更新改造，否则，无法保证汛期正常供电。2004 年对石洼等 5 座进出湖闸的机电设备进行了安全鉴定，结论是：大部分机电设备严重老化，属三类、四类设备，需要更换改造。在近几年每年汛前的启闭试验中，由于机电设施原因，经常出现闸门不能一次开启的情况。这种情况如果发生在实际分洪过程中，不仅会给防洪总体部署造成重大影响，而且还可能造成严重后果。

1.2.2 排水问题

东平湖滞洪区的排水通畅与否，不仅影响湖区的运用成本，而且也直接影响滞洪区的调蓄能力。尤其是老湖，如果在蓄滞黄河或汶河洪水后能够及时退水，就可以相应增加其调蓄能力，减少新湖的运用，同时，也可以为防汛工作争取主动。否则，将导致高水位时间延长，湖区损失加大，防守任务加重。因此，排水问题对东平湖滞洪区的防汛显得尤为重要。

根据规划，东平湖滞洪区的退水出路有两个方向：向黄河退水，俗称"北排"，是东平湖最主要的退水出路；通过梁济运河向南四湖排水，俗称"南排"，由于南排涉及南四湖的防汛，所以只能是"相机"进行。东平湖滞洪区无论是北排还是相机南排，都存在一些问题。

对于北排，总体上仍然不畅。一是由于湖区群众在陈山口、清河门两座出湖闸前修建了一些生产堤，使本来宽阔的湖面变成了数百米宽的河道，缩窄了过水断面，加之格堤、残坝和水生植物的影响，降低了两闸的过流速度。二是两出湖闸到黄河河槽有近 6km 的出湖河道，黄河水极易对其形成倒灌淤积，影响退水入黄。2002 年开挖以后，在其末端围堰上建设了设计流量为 450m³/s 的庞口防倒灌闸。由于规模小，汶河发生超过 5 年一遇洪水时，还须破除围堰泄流，而且，为避免黄河水的倒灌淤积，在排水后需要及时堵复。若遇黄河、汶河交替来水，围堰的破除、堵复也须交替进行。从运用情况看，2007 年 8 月东平湖洪水期间曾对围堰进行了破除和堵复，花费了大量的人力、物力，耗资近千万元，围堰堵复实施难度很大。三是北排受黄河水位的影响很大，北排很容易受到黄河水的顶托。

对于相机南排，主要是利用梁济运河作为排水通道，同时，梁济运河也是南水北调东线的输水路线，该段工程的前期工作已经开展，据了解，没有考虑相机南排的需求。目前利用梁济运河实施相机南排：一是断面过水能力与相机南排的规模还不相适应；二是沿河一些支流缺少防止倒漾的措施。因此，即使南四湖具备接纳洪水的条件，也很难实现洪水的相机南排。

1.2.3 工程安全问题

多年来，国家及地方政府对东平湖滞洪区的建设十分重视，先后安排大量资金用于防洪工程的建设和除险加固，老湖的设计防洪水位也由以前的 44.50m 提高到 46.00m。通过多年的建设，应该说防洪工程的强度不断增强，许多问题不断得以解决。但是，由于东平湖滞洪区遗留问题太多，至今仍存在不少问题影响着工程的安全运行。如：围坝石护坡老化，坍塌破损严重；沿湖堤防上有多座 20 世纪六七十年代修建的排灌涵闸，存在设防标准不足、设备老化严重、结构缺陷等问题；沿湖的斑清堤、两闸隔堤、青龙堤、卧牛堤、玉斑堤等堤防存在基础及山体结合部渗水、坝身断面单薄等问题。由于这些问题的存在，运用时都会影响防洪安全。但是，相比之下，目前影响防洪安全最为突出的还是二级湖堤的抗风浪能力不足问题。

二级湖堤是决定东平湖老湖调蓄能力的关键工程，设计为 4 级堤防，设计防洪水位 46.0m。由于二级湖堤修建或加高时我国还没有颁布《堤防工程设计规范》，有关风浪计算采用了前苏联的西晓夫公式，设计风浪爬高仅 1.5m，所以设计堤顶高程 48.00m。从近些年的运行情况看，二级湖堤防风浪能力严重不足，主要是堤顶高度不够、石护坡厚度偏小。2001 年戴村坝站流量 2610m³/s，老湖水位 44.38m，风力 6～7 级，阵风 8 级，其风浪爬高接近堤顶；2003 年湖水位 43.20m，风力 6 级，阵风 11 级，风浪爬高超过 3.6m，石护坡坍塌损坏 4.53 万 m²。按照现行《堤防工程设计规范》（GB 50286—2013）复核，堤顶高度差 1m 以上。显然，当老湖水位超过了 45.00m，只要遇到较大的北风，二级湖堤很难保证安全。为此，几年来，防汛预案一直将保证水位确定为 44.50m。但问题是，虽然黄河分洪的几率较小，但老湖蓄滞汶河洪水却是经常运用。2001～2007 年，有 5 年超过了警戒水位。经计算，如果遭遇黄河水顶托，汶河 10 年一遇洪水，老湖水位就可以接近 46.00m。如果水位真的超过了 44.50m，只要在 46.00m 以下，是不敢贸然使用新湖的。

2 东平湖滞洪区的工程任务

2.1 工程建设的必要性

2.1.1 工程区自然环境概况

东平湖滞洪区位于山东省梁山、东平和汶上县境内，位于黄河由宽河道进入窄河道的转折点，是分滞黄河、汶河洪水、保证艾山以下窄河段防洪安全的重要工程措施。工程区地处北温带，属温带大陆性季风气候，具有四季分明的特点。多年平均气温为13.5℃，最高气温41.7℃（1966年7月19日），最低气温−17.5℃（1975年1月2日）。多年平均降水量605.9mm。多年平均蒸发量2089.3mm。最大风速达21m/s以上，最大风速的风向多为北风或北偏东风。

2.1.2 社会经济情况

东平湖滞洪区总面积627km²，耕地面积3.178万hm²，区内村庄312个，人口33.14万人，房屋32.5万间，农业年产值16.82亿元，工业年产值4.7亿元，固定资产58.98亿元，农民人均纯收入1600～2400元/人。其中东平县面积占59%，耕地占52%，村庄占68%，人口占56.8%，房屋占65.9%，村台占51.6%，粮食产量占57%；梁山县次之，汶上县最少面积占不足1%，人口占1.4%。

2.1.3 决溢影响分析

按照黄河下游防洪部署，东平湖分蓄黄河流量17.5亿m³，考虑汶河相应时段来水9.0亿m³和底水4.0亿m³，总蓄水量达30.5亿m³。围坝为1级建筑物，设计蓄水位43.79m。一旦围坝发生决溢其结果为：

（1）湖东围坝决溢，洪水将漫淹东平县的大清河以南、汶上县和济宁市共计53个乡（镇），受淹面积1222km²，受淹人口126.89万人，耕地6.8万hm²，粮食产量50.5万t，油料2.28万t，棉花0.97万t，国有固定资产18.9亿元，不计林、牧、副、渔业及交通设施，一次决溢经济总损失约50亿元。

（2）湖西围坝决溢，洪水将漫淹梁山县、郓城县的大部分，水顺京杭运河以西和洙赵新河以北入南四湖，淹及嘉祥县和巨野县的一部分，共淹66个乡（镇），受淹面积3319km²，人口205.06万人，淹没耕地14.6万hm²，粮食115.7万t，油料5.34万t，棉花2.07万t，国有固定资产1.74亿元，不计林、牧、副、渔业及交通设施，一次决溢经济总损约43亿元。

（3）湖东、湖西围坝均发生决溢，洪水将淹及七个县（市），共计119个乡（镇），受淹面积4541km²，人口331.95万人，淹没耕地21.5万hm²，粮食166.2万t，油料7.63万t，棉花3.04万t，国有固定资产20.64亿元，不计林、牧、副、渔业及交通设施，一

5

次决溢经济总损失约 93 亿元。

2.1.4　工程现状及存在的主要问题

2.1.4.1　工程现状

东平湖滞洪区包括围坝、二级湖堤、山口隔堤、进出湖闸等。东平湖围坝从徐庄闸至武家漫全长 88.30km，其中徐庄闸至梁山国那里（0＋000～10＋471）为黄、湖两用堤；梁山国那里至武家漫（10＋471～88＋300）为滞洪区围坝。

山口隔堤分为三段，全长 8.542km；进湖闸有石洼、林辛、十里堡三座组成，退水闸有陈山口和清河门两座，由于受黄河河床逐年淤积抬高的影响，退水日趋困难。1987～1989 年兴建司垓退水闸，退水入南四湖。

2.1.4.2　工程存在的主要问题

东平湖滞洪区共有水闸 22 座，除分洪闸 3 座，退水闸 3 座外，还有其他引水排涝水闸 16 座。其中马口闸位于山东省东平县洲城镇，位于大清河进入东平湖（老湖）入口处，相应围坝桩号 79＋300 处，该闸修建于 1966 年，是集灌溉、排涝于一体的工程，设计流量灌溉为 $4m^3/s$，排涝为 $10m^3/s$，1 孔钢筋混凝土箱型涵洞，闸全长为 54.2m，分为五段，闸室总宽 3.6m，闸底板高程 36.79m。马口闸出口侧面接有马口排灌站。

该闸于 2004 年 8 月被黄河水利委员会基本建设工程质量检测中心评定为四类闸。其安全鉴定结果：该闸现设计防洪水位为 44.87m，比原设计防洪水位为 43.29m 高出 1.58m，达不到防洪标准要求；闸室稳定存在严重问题，不满足规范要求；渗径不足，闸体洞身段沉陷缝止水均已老化损坏，容易造成渗透破坏，防渗设施不能满足抗渗稳定要求；在闸首前缘出现严重裂缝，结构配筋不能满足相应的设计规范要求；混凝土闸门及钢闸门的闸门槽锈蚀严重，启闭螺机老化，启闭设备满足不了闸门开启和关闭的要求；没有安装电气设施，观测设施已损坏，工作桥栏杆损毁，桥墩不均匀沉陷过大，桥板架空，启闭机房年久失修，门窗破败，屋顶漏雨；上下游挡墙开裂严重，涵洞内部沉陷缝内侧橡胶止水老化开裂，损坏严重，压板及螺栓严重锈蚀，部分螺栓已经锈断。

2.1.5　工程建设的必要性

黄河下游是举世闻名的"地上悬河"。为了减少黄河洪水灾害，国家始终把保障黄河下游防洪安全作为黄河治理的首要任务，经过多年的努力，初步形成了"上拦、下排、两岸分滞"的防洪工程体系，使黄河下游防洪治理初见成效。但是，由于黄河问题的特殊性和复杂性，决定了在未来相当长的时间内，黄河仍将是一条多泥沙的河流。

小浪底水库投入防洪运用以后，可以控制整个流域面积的 92.3%，原来的"下大洪水"三门峡至小浪底之间部分也可以得到较好的控制。但小浪底至花园口区间（简称小花间）仍有 2.7 万 km^2 属于无控制区。目前黄河下游的防洪标准是防御花园口洪峰流量 2.2 万 m^3/s，通过东平湖蓄滞洪运用，控制艾山站下泄不超过 1 万 m^3/s。东平湖蓄洪区是确保艾山下泄流量不超过 1 万 m^3/s 的重要工程，在小浪底水库运用后，东平湖分滞黄河洪水的几率约为 30 年一遇。同时，东平湖还承担着蓄滞汶河洪水的任务，因此，东平湖滞洪区对山东黄河以及汶河防洪是至关重要的。根据历史洪泛情况，结合现在的地形地物变化分析推断，如果黄河在艾山以下决口，北岸决口黄河洪泛影响范围达 10500km²，如果南岸决口，影响范围达 6700km²。影响范围内有济南、滨洲、东营、津浦铁路，胜利油田等大中城市和重要设施。

目前，黄河下游悬河形势加剧，防洪形势严峻，黄河一旦决口，势必造成巨大灾难，打乱整个国民经济的部署和发展进程。除直接经济损失外，黄河洪灾还会造成十分严重的后果，对社会经济发展和环境改善将造成长期的不利影响。因此两岸保护区对黄河下游防洪的要求越来越高，必须保证黄河下游防洪万无一失，保障国民经济的健康发展。确保黄河下游防洪安全，对建设有中国特色的社会主义事业和实现可持续发展战略，具有重要的战略意义。东平湖作为下游防洪体系的重要组成部分，对山东窄河段的防洪安全发挥着极为重要作用。

综上所述，为了充分发挥东平湖的蓄滞洪能力，保证山东黄河以及汶河的防洪安全，对滞洪区工程存在的问题及时通过工程建设措施予以消除，是非常必要的，也是十分紧迫的。

2.2 工程任务及规模

工程任务：以保证东平湖"分得进、守得住、排的出"为目标，以不断完善、加强东平湖的蓄滞洪体系为原则，根据近期实施的可能投资规模，按照先急后缓、确保重点防洪工程的原则安排建设项目，提高东平湖滞洪区蓄滞洪能力，保障黄河下游的防洪安全。

由于马口闸年久失修，破损严重，不能满足防洪要求，一旦失事，将给东平湖周边地区造成巨大的经济损失，并对社会稳定产生不利影响。本次工程建设对马口闸进行改建加固，消除险点隐患。

3 东平湖林辛闸特色介绍

3.1 工程概况

林辛闸址位于东平县戴庙乡林辛村,桩号为临黄堤右岸 338＋886～339＋020。主要作用是当黄河发生大洪水时,通过石洼、林辛、十里堡等分洪闸分水入老湖,控制艾山下泄流量不超过 $10000m^3/s$,确保下游防洪安全。

林辛闸修建于 1968 年,为桩基开敞式水闸,按二级建筑物设计。全闸共 15 孔,孔宽 6m,高 5.5m,中墩厚 1.0m,边墩厚 1.1m,全闸总宽 106.2m。闸底板高程 38.79m(除注明外全书均为黄海高程),闸顶高程 49.29m,闸底板顺水流方向长 13.80m。中孔闸室底板采用分离式,由闸孔中心分缝,底板宽 7.0m,闸墩下宽 2.60m,厚 1.45m,然后逐渐减薄至 0.6m。每块底板下布置直径 0.85m 的钢筋混凝土灌注桩 18 根,其中 7 根长 14m,11 根长 12.5m。边孔为整体底板,由相邻中孔的中心分缝,底板宽 11.1m,厚 1.45m,底板下设钢筋混凝土灌注桩 31 根,其中 11 根长 14m,20 根长 12.5m。中墩底部长 12m,由高程 39.29m 开始逐渐缩窄,至高程 42.79m 处仅长度为 5.5m,在高程 46.79m 又开始逐渐放长至 10.4m。顶部设移动式启闭机,设公路和启闭机混合桥一座,闸墩顶部净宽 10m,两侧为钢筋混凝土简支公路桥板。中部设两根启闭机行车梁,行车梁上平铺钢筋混凝土盖板,在不启闭闸门时全桥 10m 均可通行汽车,闸门启闭时汽车由两侧分上下道行驶。胸墙采用简支式钢筋混凝土叠梁结构。闸室前黏土铺盖长 40m,上设 0.5m 厚浆砌石防冲。在消力池首端高程 38.79m 平台下设反滤排水井 1 排,以减少闸基水位渗透压力。消力池全长 27.5m,浆砌石结构,前半部有素混凝土护面,总厚 1.2m。消力池底高程 36.79m,消力坎顶高程 37.79m。下游海漫段浆砌石段长 20m,干砌石段长 15m,顶高程 37.79m,后接抛石槽。原设计水位为 45.79m,校核水位为 46.79m,分洪流量为 $1500m^3/s$(远期 $1800m^3/s$)。

水闸建成后,根据当时的黄河防洪规划,临黄侧设计水位由 45.79m 抬高到 49.79m,校核水位由 46.79m 抬高到 50.79m。由于上游水位的抬高,闸室所受的水平推力也增大,因此便需要添加井柱桩来承受加大的水平推力。此外由于水闸上下游水头差的加大,因而闸室的防渗、消能及强度等方面都不能满足安全的需要,因而要求采取相应的加固和改建措施,遂于 1977～1979 年进行改建。

凡属新建部分按 1 级建筑物设计,原有部分需要加固的按 1 级建筑物加固补强。加固措施是将上游闸墩及闸底板上延 5.5m,距上游 2.65m 加一堰坎,溢流堰、闸门、胸墙及机架桥等均放在新建的底板及闸墩上。改建后的结构情况如下:全闸共 15 孔,每孔净宽 6m,底板长 19.3m,除两边孔为联孔底板,宽 11.1m 外,中墩为分离式底板,底板宽

7.0m，均在中孔分缝，下设灌注桩，边孔48根，中孔30根。共计456根，桩径0.85m，长度12.7～19.7m，底板高程39.79～39.17m，门底堰顶高程40.79m。闸室上部有公路桥、工作桥、机架桥、铁路桥及机房、桥头堡，闸室两端各有浆砌石减载孔，填土高程44.29～43.79m。

上游连接段总长59.5～74.5m，其中浆砌石铺盖长34.5m，下设黏土防渗铺盖厚0.8～1.3m干砌石铺盖长25～40m，前设抛石槽长5～8m。

下游连接段长125.1m，两级消能，一级池长48.3m，高程36.99～38.09m，末端有尾坎，其高程40.39m；二级消力池长15.2m，底高程36.79m；下游海漫长47.8m，高程37.79m，抛石槽长13.8m。

林辛分洪闸原工程特性见表3.1-1。

表3.1-1　　　　　　　　　　　　林辛分洪闸原工程特性表

序　号	名　　　称		单　位	数　　量	备　注
1	水文				
1.1	控制黄河下泄流量		m³/s	艾山站小于10000	
1.2	施工期黄河流量		m³/s	800	
2	工程分等分级指标				
2.1	工程等别		等	Ⅱ等大（2型）	
2.2	工程级别		级	1	
3	洪水标准				
3.1	分洪流量		m³/s	1500	加大1800
	相应水位	上游水位（设计）	m	49.79（51）	
		上游水位（校核）	m	50.79（52）	
		下游水位	m	43.76（44.97）	
3.2	设计挡水位		m	49.79（51）	黄海（大沽）
	相应下游水位		m	39.64（40.85）	
3.3	校核挡水位		m	50.79（52）	
	相应下游水位		m	39.64（40.85）	
4	其他				
4.1	地震设防烈度		度	7	
4.2	风速		m/s	19.00	

3.2　水闸运行情况

3.2.1　建设情况

林辛闸修建于1968年，为桩基开敞式水闸。1977～1979年进行改建，凡属新建部分按1级建筑物设计，原有部分，能加固的按1级加固补强。加固措施是将上游闸墩及闸底板上延5.5m，距上游2.65m加一堰坎，溢流堰、闸门、胸墙及机架桥等均放在新建的闸室上。

1982 年 4 月，经黄河水利委员会、山东黄河河务局联合验收鉴定，除闸墩及底板混凝土标号稍低于设计强度外，其他部位施工质量属尚好，可以交付使用。

改建施工时，闸墩、消力池护面及一部分底板混凝土浇筑工程，由于黄砂颗粒偏细及使用了矿渣水泥，以致大部分混凝土龄期（28d），强度没有达到要求，但经检验后期强度（60～90d），均已达到或超过设计标准。

3.2.2 运行情况

该闸从初建完成至改建完成期间未正式运用，初建后于 1968 年底进行充水试验，除闸门漏水外，其他情况正常。

1982 年分洪运用，分洪流量最大 1350m³/s。

2008 年 3 月 19 日观测资料显示：最大沉降量 561mm，超过规范规定的最大沉降量 150mm，不满足规范要求。最大沉降差为 244mm，超过规范规定的最大沉降差 50mm。

在 1982 年分洪运用期间观测，8 月 6 日时闸室出现沉降且量较大，岸箱沉降回弹。

3.2.3 主要存在问题

通过现场调查分析，林辛闸主要存在下列的问题。

（1）部分闸墩表面有麻面、局部混凝土脱落现象；部分胸墙混凝土表面有麻面现象，个别部位混凝土脱落。

（2）闸门为钢筋混凝土平面门，闸门年久失修，3 孔、7 孔、10 孔和 15 孔闸门混凝土脱落，金属构件出露、锈蚀严重；1 孔、6 孔、8 孔、13 孔、15 孔闸门顶止水裂严重。

（3）机架桥桥面板有混凝土剥落、露筋及桥面板断裂现象；交通桥桥板跨中部位混凝土剥蚀严重，钢筋锈蚀裸露；工作桥护栏混凝土老化剥落、露筋及桥面板断裂现象。

（4）左岸桥头堡不均匀沉陷严重，上游南导墙、北翼墙、北减载孔墩与边墩都出现裂缝。

（5）渗压观测管 4 组，在南北边墩，5 号和 10 号中墩上，原建每组有两管，设在下游铁路桥面上，改建时每组在机房内增设一管。从 1982 年开始，该闸 A1～A4 下游组泥土堵塞。

（6）电气设备多为改建时架设，部分为涵闸始建时配置，由于年久失修，部分线路已严重老化；电源开关部件为老式闸刀，开关不灵活，有黏滞现象；控制点没有切断总电源的紧急断电开关。与石洼、十里堡分洪闸共用的备用电厂、35kV 变电站不能正常使用，进闸 10kV 变电设备不能正常使用。

（7）启闭机已经超过规范规定 20 年折旧年限，设备陈旧；启闭机制动器抱闸时出现冒烟现象，轴瓦老化；高度指示器均有不同偏差，有的失去作用；部分启闭机减速器、联轴器出现漏现象；绝大部分启闭机未设荷载限制器。

3.3 安全鉴定结论

2009 年 4 月 26 日，黄河水利委员会在泰安组织召开了山东东平湖林辛分洪闸安全鉴定会议，形成鉴定结论如下：

（1）防洪标准能够满足要求。

（2）闸室抗滑、抗渗稳定满足规范要求，地基沉降差不满足设计要求。

（3）地震工况下，机架桥排架结构配筋不满足要求，机架桥局部出现不均匀沉降。

（4）在桩基复核计算中，原底板桩基可满足竖向承载力及水平承载力要求；新桩配筋满足要求，中联老桩配筋不满足要求。

（5）消力池长度及深度满足规范要求；海漫长度不满足规范要求。

（6）过流能力满足要求。

（7）闸墩混凝土结构冻融破坏，不满足抗冻等级要求，公路桥结构配筋不满足现行规范要求。

（8）启闭机已经超过规范规定 20 年折旧年限。

（9）与石洼、十里堡分洪闸共用的备用电厂、35kV 变电站不能正常使用，进闸 10kV 变电设备不能正常使用。

（10）部分测压管淤堵。

综合以上情况，鉴于该闸存在机架桥排架、公路桥在设计工况下结构强度不满足要求，桩基复核老桩配筋不满足要求，地基沉降差不满足设计要求，海漫长度不满足规范要求，闸墩混凝土出现冻融损坏，启闭设备超出使用折旧年限不能保证正常运用，电气设备老化等问题，该闸评定为三类闸，需要进行除险加固。建议：

（1）对闸基进行加固处理。

（2）对机架桥、公路桥结构进行加固。

（3）加长海漫长度。

（4）更新启闭机设备和电气设备。

3.4 核查结论

2011 年 5 月水利部安全鉴定核查组对本闸安全鉴定进行了核查，核查意见认为：本工程安全鉴定程序、鉴定单位资质、安全鉴定专家组成员资格符合《水闸安全鉴定管理办法》的要求，安全鉴定书面成果能够客观反映水闸存在的主要问题。核查认为三类闸的鉴定结论是准确的。

建议初步设计阶段根据下游现状地面高程进一步复核水闸过水能力，必要时提出相应处理措施。施工期进一步检查消能防冲建筑物性状，优化除险加固方案。

3.5 除险加固后工程特性

林辛闸除险加固后，2043 水平年的工程特性见表 3.5－1。

表 3.5－1　　　　　　　　林辛分洪闸除险加固后工程特性表

序　号	名　称	单　位	数　量	备　注
1	水文			
1.1	控制黄河下泄流量	m^3/s	艾山站小于 10000	
2	工程分等分级指标			
2.1	工程等别	等	Ⅱ等大（2型）	
2.2	工程级别	级	1	

序 号	名 称			单 位	数 量	备 注
3	洪水标准					
3.1	分洪流量			m³/s	1500	加大1800
	相应水位		上游水位（设计）	m	49.61	黄河
			上游水位（校核）	m	50.61	
			下游水位（最高运用水位）	m	44.79	
4	其他					
4.1	地震设防烈度			度	7	
4.2	风速			m/s	19.00	

4 东平湖洪水标准复核

4.1 流域概况

东平湖滞洪区位于黄河与汶河下游冲积平原相接的条形洼地上，处于下游宽河道与窄河道的过渡段，是黄河下游防洪工程体系的重要组成部分。

黄河流域西居内陆，东临渤海，气候条件差异明显。基本特点是"水少沙多、水沙关系不协调"，全河多年平均天然径流量 580 亿 m³，仅占全国河川径流总量的 2%。根据水沙特性和地形、地质条件，黄河干流分为上、中、下游三个河段。内蒙古托克托县河口镇以上为黄河上游，河口镇至河南郑州市桃花峪为黄河中游，桃花峪以下为黄河下游。黄河上游的大洪水与中游大洪水不遭遇，对黄河下游威胁不大。中游地区暴雨频繁、强度大、历时短，形成的洪水具有洪峰高、历时短、陡涨陡落的特点，对下游威胁极大。黄河下游流域面积 2.27 万 km²，干流河道长 786km。

汶河是黄河下游的最大支流，是黄河流域 5 个洪水来源区之一，其洪水首先进入东平湖老湖滞蓄，然后经出湖河道退入黄河。汶河发源于沂源县悬固山，流经莱芜、新泰等 9 个县（市、区），于东平县州城镇马口村汇入东平湖老湖，河长 209km，流域面积为 8633km²，其中，大中小型水库控制流域面积 2137 km²。汶河流域属大陆性季风气候，暴雨多发生在 5~10 月，大暴雨又集中在 6 月中下旬至 9 月上中旬。具有暴雨频繁、历时长、强度大的特点。洪水皆由暴雨形成，洪峰形状尖瘦，含沙量小，含沙量一般在 10kg/m³ 以下。

东平湖滞洪区承担着分滞黄河洪水和蓄滞汶河来水的任务，对保证黄河艾山以下两岸的防洪安全具有十分重要的战略地位。东平湖滞洪区位于大汶河下游，正置黄河由宽河道进入窄河道的转折点，原是黄河、汶河洪水汇集而成的天然湖泊，遇黄河大洪水时，可起到自然滞洪作用。1951 年扩大为梁山、东平九区，正式开辟为滞洪区。1958 年修建了围坝，成为河湖分家并有效控制的东平湖水库。库区由隔堤（称为二级湖堤）分为新、老湖区，老湖区与大清河相通，还用于滞蓄汶河洪水，湖区内常年有水。湖区总面积 627km²，其中老湖区 209km²，新湖区 418km²。老湖区设计防洪水位 44.79m，新湖区设计防洪水位 43.79m。蓄水位 43.29m 时，相应总库容 30.5 亿 m³，其中新湖区 21.6 亿 m³，老湖区库容 8.9 亿 m³；老湖区蓄水位 44.79m 时，相应库容 11.94 亿 m³。规划老湖区底水 4 亿 m³，相应来水 9 亿 m³，可滞蓄黄河洪水 17.5 亿 m³。

4.2 气象

东平湖区属于暖温带大陆性半湿润季风气候，四季分明。由于受大陆性季风影响，一一般冬春两季多风而少雨雪，夏秋则炎热多雨，秋冬季多偏北风，春夏季以南风为主，最大风力可达8级，形成了该区春旱夏涝的自然特点。

距东平湖滞洪区较近的气象站为梁山气象站。东平湖区的气象要素以梁山气象站资料进行反映，各气象要素详见表4.2-1。

表 4.2-1　　　　　　　　　　梁山气象站气象要素统计表

项　目		单位	月　份												全年
			1	2	3	4	5	6	7	8	9	10	11	12	
气温	平均气温	℃	−1.8	0.8	7.0	14.1	20.4	25.7	26.9	25.9	20.7	14.8	7.0	0.3	13.5
	平均最高	℃	3.9	6.8	13.5	20.8	27.0	32.1	31.6	30.6	26.3	20.9	12.7	5.7	19.3
	平均最低	℃	−6.2	−3.8	1.7	8.3	14.0	19.5	22.8	21.9	15.8	9.7	2.4	−3.7	8.5
	极端最高	℃	16.2	23.9	28.2	33.8	39.0	41.6	41.7	39.2	34.7	32.0	25.6	16.7	41.7
	极端最低	℃	−17.5	−16.0	−10.9	−5.1	2.5	10.1	14.4	13.2	2.5	−2.1	−8.5	−16.8	−17.5
平均相对湿度		％	64	64	61	61	61	61	80	81	76	72	71	68	68
地温	平均地温	℃	−1.4	1.7	8.8	16.9	24.7	30.4	29.9	29.0	23.2	16.1	7.5	0.5	15.6
	平均最高	℃	10.7	15.5	25.0	33.6	43.5	49.6	44.0	43.9	38.6	30.5	20.1	11.9	30.6
	平均最低	℃	−7.9	−5.7	−0.5	6.3	12.2	18.1	22.2	21.3	14.6	7.7	0.3	−5.6	6.9
	极端最高	℃	22.1	35.7	44.3	54.9	62.5	65.3	68.6	65.4	58.1	48.3	37.2	23.9	68.6
	极端最低	℃	−20.2	−17.3	−13.8	−10.2	−1.8	7.3	11.4	12.2	1.1	−4.5	−12.4	−18.4	−20.2
最大冻土深度		cm	35	33	9	5							8	34	35
平均降水量		mm	5.0	9.3	16.7	37.5	37.0	63.9	164.5	136.8	73.8	34.5	19.0	8.0	605.9
≥0.1mm 天数		d	2.0	3.0	4.0	6.3	5.2	6.6	13.0	10.0	7.3	5.3	4.5	2.9	70.0
≥5mm 天数		d	0.1	0.5	1.3	2.1	2.1	2.6	6.5	5.0	3.2	2.0	1.4	0.4	27.3
蒸发量		mm	56.8	81.8	163.0	243.6	311.1	365.0	226.4	191.5	160.9	144.1	88.7	56.6	2089.0
最大风速		m/s	14.7	18.7	19.3	21.0	19.0	17.0	17.0	13.3	14.0	19.0	16.3	17.0	21.0
最大风速的风向			NNE	NNE	NNE	N	N	NNE	ENE	SW	NNE	NNE	NNE	NNE	N
最多风向			N	N	S	S	S	S	C,N	C,N	C,S	C,S	N	S
频率			15	14	16	16	17	17	16	19,12	22,12	18,14	16,14	16	14

该处多年平均气温13.5℃，极端最高气温41.7℃（1966年7月19日），极端最低气温−17.5℃（1975年1月2日），最高气温多发生在7月，最低气温多发生在1月，气温平均日较差9～13℃。结冰期50d左右，平均无霜期200d左右。多年平均地温15.6℃，最高地温68.6℃（1962年7月11日），最低地温−20.2℃（1970年1月5日）。

本地区多年平均降水量606mm。年际降水量悬殊较大，最大年降水量1394.8mm，最小年降水量261.6mm，最大与最小年降水量之比达5倍多。年内降水分布不均，降水多集中在夏季，7月、8月降水量占全年降水量的50％，因此，造成该地区春旱夏涝、涝后又旱、旱涝交替的气候特点。该地多年平均蒸发量2089mm（φ20蒸发皿观测），为年降水量的3倍，最大蒸发量发生在6月，最小出现在12月。最大风速达21m/s，最大风速的风向为北风。

14

4.3 洪水

4.3.1 黄河洪水

4.3.1.1 黄河洪水特性

黄河下游洪水主要由中游地区暴雨形成，洪水发生时间为6～10月。黄河中游的洪水，分别来自河龙间、龙三间和三花间这三个地区。各区洪水特性分述如下：

(1) 河龙间和龙三间。河龙间属于干旱或半干旱地区，暴雨强度大（点暴雨一般可达400～600mm/d，最大点暴雨达1400mm/d），历时较短（一般不超过20h，持续性降雨可达1～2d），日暴雨50mm以上的笼罩面积达20000～30000km²，最大可达50000～60000km²。一次洪水历时，主峰过程为1d，持续历时一般可达3～5d，形成了峰高量小的尖瘦型洪水过程。区间发生的较大洪水，洪峰流量可达11000～15000m³/s，实测区间最大为18500m³/s（1967年），日平均最大含沙量可达800～900kg/m³。本区间是黄河粗泥沙的主要来源区。

龙三间的暴雨特性与河龙间相似，但由于受到秦岭的影响，暴雨发生的频次较多，历时较长，一般为5～10d，秋季连阴雨的历时可达18d之久（1981年9月）。日降雨强度为100mm左右，中强降雨历时约5d左右，大于50mm雨区范围达70000km²。本区间所发生的洪水为矮胖型，洪峰流量为7000～10000m³/s。本区间除泾河支流马莲河外，为黄河细泥沙的主要来源区，渭河华县站的日平均最大含沙量为400～600kg/m³。

以上两个区间洪水常常相遭遇，如1933年和1843年洪水。这类洪水主要是由西南东北向切变线带低涡天气系统产生的暴雨所形成，其特点是洪峰高、洪量大，含沙量也大，对黄河下游防洪威胁严重。下游防洪中把这类洪水简称为"上大洪水"。

(2) 三花间。三花间属于湿润或半湿润地区，暴雨强度大，最大点雨量达734.3mm/d（1982年7月），一般为400～500mm/d，日暴雨面积为20000～30000km²。一次暴雨的历时一般为2～3d，最长历时达5d。本区间所发生的洪水，多为峰高量大的单峰型洪水过程，历时为5d（1958年洪水）；也发生过多峰型洪水过程，历时可达10～12d（1954年洪水）。区间洪水的洪峰流量一般为10000m³/s左右，实测区间最大洪峰流量为15780m³/s，洪水期的含沙量不大，伊洛河黑石关站日平均最大含沙量为80～90kg/m³。三花间的较大洪水，主要是由南北向切变线加上低涡或台风间接影响而产生的暴雨所形成，具有洪水涨势猛、洪峰高、洪量集中、含沙量不大、洪水预见期短等特点，对黄河下游防洪威胁最为严重。这类洪水称为"下大洪水"。

小浪底水库建成后，威胁黄河下游防洪安全的主要是小花间洪水，据实测资料统计，小花间的年最大洪峰流量从5～10月均有出现，而较大洪峰主要集中在7月、8月。值得注意的是，小花间的大洪水，如223年、1761年、1931年、1935年、1954年、1958年、1982年等，洪峰流量均发生在7月上旬至8月中旬之间，时间更为集中。

由于小花间暴雨强度大、历时长，主要产洪地区河网密集，有利于汇流，故形成的洪水峰高量大。一次洪水历时约5d左右，连续洪水历时可达12d之久。

4.3.1.2 小浪底水库运用后黄河下游的设计洪水

2000年水平年下，黄河中下游防洪工程体系的上拦工程有三门峡、小浪底、陆浑、故县四座水库；下排工程为两岸大堤，设防标准为花园口 22000m³/s 流量；两岸分滞工程为东平湖滞洪水库，进入黄河下游的洪水须经过防洪工程体系的联合调度。2043 年水平年下，上拦工程将增加河口村水库，形成黄河中游三门峡、小浪底、陆浑、故县、河口村五库联合调度的格局。

（1）水库及滞洪区联合防洪运用方式。

1）小浪底水库防洪运用方式。当五站（龙门镇、白马寺、小浪底、五龙口、山路平）预报（预见期 8h）花园口洪水流量小于 8000m³/s，控制汛限水位，按入库流量泄洪；预报花园口洪水流量大于 8000m³/s，含沙量小于 50kg/m³，小花间来洪流量小于 7000m³/s，小浪底水库控制花园口 8000m³/s。此后，小浪底水库须根据小花间洪水流量的大小和水库蓄洪量的多少来确定不同的泄洪方式。

①水库在控制花园口 8000m³/s 运用过程中，当蓄水量达到 7.9 亿 m³ 时，反映了该次洪水为"上大洪水"且已超过了 5 年一遇标准，小浪底水库可按控制花园口 10000m³/s 泄洪。此时，如果入库流量小于控制花园口 10000m³/s 的控制流量，可按入库流量泄洪。当水库蓄洪量达 20 亿 m³，且有增大趋势，说明该次洪水已超过三门峡站 100 年一遇洪水，为了使小浪底水库保留足够的库容拦蓄特大洪水，需控制蓄洪水位不再升高，可相应增大泄洪流量，允许花园口洪水流量超过 10000m³/s，可由东平湖分洪解决。此时，如果入库流量小于水库的泄洪能力，按入库流量泄洪；入库流量大于水库的泄洪能力，按敞泄滞洪运用。当预报花园口 10000m³/s 以上洪量达 20 亿 m³，说明东平湖水库将达到可能承担黄河分洪量 17.5 亿 m³。此后，小浪底水库仍需按控制花园口 10000m³/s 泄洪，水库继续蓄洪。当预报花园口洪水流量小于 10000m³/s，仍按控制花园口 10000m³/s 泄流，直至泄空蓄水。

②水库按控制花园口 8000m³/s 运用的过程中，水库蓄洪量虽未达到 7.9 亿 m³，而小花间的洪水流量已达 7000m³/s，且有上涨趋势，反映了该次洪水为"下大洪水"。此时，小浪底水库按下泄发电流量 1000m³/s 控制运用；当水库蓄洪量达 7.9 亿 m³ 后，开始按控制花园口 10000m³/s 泄洪。但在控制过程中，水库下泄流量不小于发电流量 1000m³/s。

2）三门峡水库的调洪运用方式。

① 对三门峡以上来水为主的"上大洪水"，水库按"先敞后控"方式运用，即水库先按敞泄方式运用；达本次洪水的最高蓄水位后，按入库流量泄洪；当预报花园口洪水流量小于 10000m³/s 时，水库按控制花园口 10000m³/s 退水。

②对三花间来水为主的"下大洪水"，三门峡水库的运用方式为：

小浪底水库未达到花园口百年一遇洪水的蓄洪量 26 亿 m³ 前，三门峡水库不承担蓄洪任务，按敞泄运用。小浪底水库蓄洪量达 26 亿 m³，且有增大趋势，三门峡水库开始投入控制运用，并按小浪底水库的泄洪流量控制泄流，直到蓄洪量达本次洪水的最大蓄量。此后，控制已蓄洪量，按入库流量泄洪；直到小浪底水库按控制花园口 10000m³/s 投入泄洪运用时，三门峡水库可按小浪底水库的泄洪流量控制泄流，在小浪底水库之前退水。

3）陆浑、故县水库调洪运用方式。预报花园口洪峰流量小于 12000m³/s 时，当入库流量小于 1000m³/s，原则上按进出库平衡方式运用；否则，按控制下泄流量 1000m³/s 运用。当预报花园口洪水流量达到 12000m³/s，水库关闸停泄。当水库蓄洪水位达到蓄洪限制水位时，按入库流量泄洪。当预报花园口洪水流量小于 $10000\mathrm{m}^3/\mathrm{s}$，按控制花园口 $10000\mathrm{m}^3/\mathrm{s}$ 泄洪。

4) 河口村水库调洪运用方式。当预报花园口站流量小于 $12000\mathrm{m}^3/\mathrm{s}$ 时，若预报武陟站流量小于 $4000\mathrm{m}^3/\mathrm{s}$，水库按敞泄滞洪运用；若预报武陟站流量大于 $4000\mathrm{m}^3/\mathrm{s}$，控制武陟流量不超过 $4000\mathrm{m}^3/\mathrm{s}$。当预报花园口流量出现 $12000\mathrm{m}^3/\mathrm{s}$ 且有上涨趋势，水库关闭泄流设施；当水库水位达到蓄洪限制水位时，开闸泄洪，其泄洪方式取决于入库流量的大小：若入库流量小于蓄洪限制水位相应的泄流能力，按入库流量泄洪；否则，按敞泄滞洪运用，直到水位回降至蓄洪限制水位。此后，如果预报花园口流量大于 $10000\mathrm{m}^3/\mathrm{s}$，控制蓄洪限制水位，按入库流量泄洪；当预报花园口流量小于 $10000\mathrm{m}^3/\mathrm{s}$，按控制花园口 $10000\mathrm{m}^3/\mathrm{s}$ 且沁河下游不超过 $4000\mathrm{m}^3/\mathrm{s}$ 泄流，直到水位回降至汛期限制水位。

5) 东平湖水库运用方式。东平湖滞洪水库的分洪运用原则：孙口站实测洪峰流量达 $10000\mathrm{m}^3/\mathrm{s}$，且有上涨趋势，首先运用老湖区；当老湖区分洪能力小于黄河要求分洪流量或洪量时，即需求分洪量大于老湖区的分洪能力 $3500\mathrm{m}^3/\mathrm{s}$，或需求分洪量大于老湖区的容积，新湖区投入运用。东平湖的石洼、林辛、十里堡 3 座分洪闸的分洪能力约为7500～$8500\mathrm{m}^3/\mathrm{s}$。也就是说，孙口站洪水流量不超过 $17500\mathrm{m}^3/\mathrm{s}$ 的情况下，东平湖分洪后可控制黄河流量不超过 $10000\mathrm{m}^3/\mathrm{s}$。东平湖的控制蓄洪水位为 43.29m（考虑侧向分洪不利因素，工程设计按43.79m），库容 30.5 亿 m^3，扣除汶河来水 9.0 亿 m^3 和老湖区底水量 4 亿 m^3，东平湖能承担黄河分洪的库容为 17.5 亿 m^3，也就是说孙口站 $10000\mathrm{m}^3/\mathrm{s}$ 以上的洪量不超过 17.5 亿 m^3，东平湖可控制黄河流量不超过 $10000\mathrm{m}^3/\mathrm{s}$。

（2）工程运用后黄河下游洪水情况及设防流量。按照上述水库及滞洪区的防洪运用方式，对 2000 年、2043 年各级各典型洪水进行防洪调度计算，其中 2000 水平年黄河中游采用三门峡、小浪底、陆浑、故县四库联合调度，2043 水平年黄河中游采用三门峡、小浪底、陆浑、故县、河口村五库联合调度。根据《黄河近期重点治理开发规划》近期应确保防御花园口站洪峰流量 $22000\mathrm{m}^3/\mathrm{s}$ 堤防不决口。从该表中可以看出，花园口 $22000\mathrm{m}^3/\mathrm{s}$ 设防流量相应的重现期为近千年，东平湖的分洪运用几率为 30 年一遇（对于老湖区和新湖区各自的运用几率，受汶河来水影响较大）。黄河下游各断面相应花园口设防标准的流量见表 4.3－1。东平湖水库分洪后，在其以下黄河大堤的设防流量，由黄河干流下泄流量与支流加水组成，干流下泄流量为 $10000\mathrm{m}^3/\mathrm{s}$，支流加水按 $1000\mathrm{m}^3/\mathrm{s}$ 考虑，艾山以下大堤设防流量为 $11000\mathrm{m}^3/\mathrm{s}$。

表 4.3－1　　　　　　　　工程运用后黄河下游各级洪水流量表　　　　　　　　单位：m^3/s

断面名称	重现期 水平年	30 年一遇		100 年一遇		1000 年一遇		设防流量
		2000	2043	2000	2043	2000	2043	
花园口		13100	12000	15700	15500	22600	22600	22000
高村		11000	10900	14400	13600	20300	20300	20000
孙口		10000	10000	13000	12600	17500	17500	17500
艾山		10000	9900	10000	10000	10000	10000	11000

注　1000 年一遇洪水孙口站流量为北金堤分洪后成果。

4.3.2 汶河洪水

4.3.2.1 汶河洪水特性

汶河洪水皆由暴雨形成。汶河属山溪性河流，源短流急，洪水暴涨暴落，洪水历时短。一次洪水总历时一般在5~6d。如临汶水文站1964年9月12日洪水，洪峰流量6780m³/s，从12日8时起涨至16时出现洪峰，涨水历时仅8h。洪峰流量年际变差大。汶河干流洪水组成：一般性洪水60%~70%来源于汶河北支，30%~40%来源于汶河南支。

4.3.2.2 黄、汶遭遇分析

由于汶河洪水通过东平湖再进入黄河，影响东平湖分洪能力和工程建设的主要因素是汶河进入东平湖的洪量，故本次只分析其12日洪量的遭遇。

花园口至汶河入黄口距离为320km，洪水传播时间为3~4d，按3d计，戴村坝至入黄口距离49.3km，洪水传播时间按1d计，即花园口洪水与戴村坝洪水相遇，洪水传播时间相差2d。据实测资料分析，1953~1997年洪水系列花园口年最大12d洪量均值为48.2亿m³，遭遇汶河戴村坝12d洪量的均值为1.37亿m³，而汶河戴村坝最大12d洪量均值为4.35亿m³。从花园口实测大洪水来看，1958年花园口最大12d洪量为81.5亿m³，遭遇汶河相应洪量仅0.94亿m³，该年汶河洪水较小；1982年花园口最大12d洪量71.6亿m³，遭遇汶河洪量0.16亿m³，汶河洪水也较小。1954年洪水黄河与汶河基本遭遇，花园口最大12日洪量72.7亿m³，正与汶河最大洪量7.57亿m³相遭遇，但汶河该年属中等洪水。1957年汶河大水，与花园口年最大洪量7.57亿m³基本遭遇，该年黄河属中等洪水。另外还有1953年、1955年、1987年、1994年等，黄河年最大12d洪量与汶河基本遭遇，但黄河、汶河均为小洪水。因此，黄河大洪水与汶河大洪水不同时遭遇；黄河的大洪水可以和汶河的中等洪水相遭遇；黄河的中等洪水可以和汶河的大洪水相遭遇；黄河与汶河的小洪水遭遇机会较多。经对花园口及花园口+戴村坝年最大12d洪量同步系列频率分析（洪水资料年份为1960~1997年，共38年），花园口发生不同量级洪水汶河相应来水见表4.3-2。从该表中可知，花园口发生100年一遇洪水，汶河相应来水6.2亿m³；花园口发生1000年一遇洪水，汶河相应来水9.5亿m³。

表4.3-2　　　　　　花园口不同量级洪水汶河相应洪水洪量成果表　　　　　单位：亿m³

洪水频率 $P/\%$	花园口+戴村坝	花园口	戴村坝相应
0.01	165.9	153.1	12.8
0.02	157.0	145.3	11.7
0.05	145.2	134.7	10.5
0.10	136.2	126.7	9.5
0.20	127.0	118.5	8.5
0.50	114.7	107.5	7.2
1.0	105.2	99.0	6.2
2.0	95.4	90.2	5.2
3.3	88.1	83.6	4.5
5.0	82.1	78.2	3.9

4.3.2.3 汶河戴村坝站的设计洪水

（1）戴村坝站天然设计洪水峰、量值。汶河戴村坝站实测洪水资料年限较长，测验资料精度较高。因此，戴村坝洪水资料系列的可靠性、代表性较好。由于受水利工程的影响，洪水资料系列的一致性较差。除个别中型水库外，其余大中型水库都有水位观测资料，通过对大中型水库工程的还原，解决资料基础不一致的问题。

戴村坝站设计洪水的计算方法，首先计算不受大中型水库工程影响的天然设计洪水，再分析大中型水库对各级洪水的影响，计算受大中型水库工程影响后的设计洪水。天然设计洪水成果见表 4.3-3。

表 4.3-3　　　　　　　汶河戴村坝站天然设计洪水成果表

单位：洪峰流量 m^3/s；洪量亿 m^3

项目	资料系列				统计参数			频率为 P（%）的设计值		
	资料年份	N	n	a	均值	C_v	C_s/C_v	1	2.0	5.0
洪峰流量	1918、1921、1951~1997	80	47	2	1950	1.15	2.5	10900	8950	6440
5日洪量	1918、1921、1951~1997	80	47	2	2.92	0.92	2.5	13.04	10.96	8.30
12日洪量	1918、1921、1951~1997	80	47	2	4.82	0.94	2.5	21.98	18.41	13.88

（2）大中型水库工程影响后戴村坝的设计洪水。经过对大中型水库工程实际蓄洪情况统计、不同典型设计暴雨情况下水库工程蓄洪情况分析和不同时期雨洪关系分析，经计算 10 年一遇至 50 年一遇洪水，水库工程 5 日蓄洪量为 1 亿 m^3，12 日蓄洪量为 1.5 亿 m^3。50 年一遇及其以上洪水，水库工程 5 日蓄洪量为 1.5 亿 m^3，12 日蓄洪量为 2.0 亿 m^3。水库工程影响后戴村坝的设计洪量见表 4.3-4。

表 4.3-4　　　　水库工程影响后戴村坝站设计洪量成果表　　　　单位：亿 m^3

项目 ＼ 频率 P/%	0.1	1.0	2.0	5.0
5日洪量	18.38	11.54	9.46	7.30
12日洪量	31.69	19.98	16.41	12.38

4.4　设计水位

4.4.1　黄河下游设计水位

4.4.1.1　设计防洪标准及设计水平年

根据《黄河下游标准化堤防工程规划设计与管理标准（试行）》（黄建管〔2009〕53号），黄河下游水闸工程（包括新建和改建）防洪标准：以防御花园口站 22000m^3/s 的洪水为设计防洪标准，设计洪水位加 1m 为校核防洪标准。东平湖林辛分洪闸位于右岸大堤桩号 338+886 处，设防流量为 13500m^3/s。

林辛分洪闸计划 2013 年加固完成，设计水平年以工程完工后的第 30 年作为设计水平年，即 2043 年为设计水平年。

4.4.1.2 设计和校核防洪水位

（1）设计洪水位的起算水位。小浪底水库投入运用以来，水库拦沙和调水调沙运用，黄河下游河道呈现冲刷态势。设计防洪水位以小浪底水库运用后，黄河下游河道淤积恢复到 2000 年状态的设防水位作为起算水位。根据黄河水利委员会关于印发《黄河下游病险水闸除险加固工程设计水位推算结果》的通知（黄规计〔2011〕148 号），小浪底水库运用后下游河道 2020 年左右冲刷达到最大，2028 年左右淤积恢复到 2000 年状态，即以 2028 年设防水位作为起算水位。

东平湖林辛分洪闸位于石洼和张庄闸断面之间，分洪闸的设计洪水位的起算水位根据石洼、张庄闸的相应水位按照距离内插出。根据黄河防总颁布的 2000 年黄河下游各控制站断面水位—流量关系成果，石洼、张庄闸断面 13500m³/s 流量相应水位分别为 48.54m、48.00m，插值计算得林辛分洪闸处设防水位为 48.51m。

（2）设计防洪水位。根据黄河水利委员会关于印发《黄河下游病险水闸除险加固工程设计水位推算结果》的通知（黄规计〔2011〕148 号），黄河下游河道 2028 年左右淤积恢复到 2000 年状态后，高村—艾山河段年平均淤积抬升 0.073m。2028～2043 年该河段共淤积抬升 1.10m，计算出林辛闸 2043 年防洪水位为 49.61m。

（3）校核防洪水位。校核防洪水位为设计洪水位加 1m，2043 年林辛闸的校核洪水位为 50.61m。

4.4.2 东平湖设计水位

东平湖滞洪区是黄河下游重要的分滞洪工程，主要作用：一是分滞黄河洪水，即当黄河发生大洪水时（孙口站洪峰流量大于 10000m³/s），为了保证其下游的防洪安全，需要向东平湖分洪，以控制黄河艾山站下泄流量不超过 10000m³/s。二是接纳汶河来水，即汶河流域发生降雨过程，径流通过大清河首先进入东平湖，再由东平湖进入黄河，东平湖起到蓄洪滞洪的作用。

东平湖老湖设计防洪运用水位为 44.79m，相应库容 11.94 亿 m³；汛限水位 7～9 月为 40.79m，10 月可以抬高至 41.29m；二级湖堤的警戒水位为 41.79m。东平湖新湖防洪运用水位 43.79m，相应库容 23.67 亿 m³；全湖运用水位 43.79m，相应库容 33.54 亿 m³。

统计东平湖老湖 1980～2011 年月平均水位及月平均最高水位资料，老湖汛期（6～10 月）多年平均水位为 39.90m，月平均水位的最小值为 37.53m（1993 年 6 月）；老湖汛期多年平均最高水位为 40.20m，月平均最高水位的最大值为 43.17m（2001 年 8 月）。

4.4.2.1 东平湖滞洪区调蓄计算

影响东平湖滞洪区调蓄计算的主要因素有以下几个方面：①汶河来水过程；②黄河来水过程；③东平湖库容；④闸门泄流规模；⑤退水闸闸口处黄河水位流量关系；⑥东平湖起始水位。其中，东平湖库容曲线采用 1965 年实测成果，见表 4.4－1；退水闸闸口处黄河水位流量关系线采用成果见表 4.4－2；东平湖老湖起始水位取汛限水位 40.79m，新湖起始水位取汛限水位 37.79m。

表 4.4-1 　　　　　　　　　　　　　　东 平 湖 水 位 库 容

水位/ m	老湖/ 亿 m³	新湖/ 亿 m³	全湖/ 亿 m³
37.79	0.10	0.83	0.93
38.79	0.98	3.37	4.35
39.79	2.37	7.00	9.37
40.79	3.95	11.12	15.07
41.79	5.78	15.32	21.1
42.79	7.77	19.54	27.31
43.29	8.82	21.60	30.42
43.79	9.87	23.67	33.54
44.79	11.94	27.85	39.79
45.79	14.01	32.00	46.01
46.79	16.08	36.00	52.08

表 4.4-2 　　　　　　　　　庞口闸闸口处黄河水位流量关系

流量/(m³/s)		2000	3000	5000	7000	8000	9000	10000	11000	12000	13500
水位/m	2000 年设计	41.79	42.51	43.74	44.61	45.00	45.37	45.75	46.10	46.40	46.84
	2043 年设计	41.99	42.63	43.70	44.64	45.07	45.48	45.89	46.30	46.71	47.32

（1）东平湖分洪计算。东平湖滞洪区的分洪运用原则：分滞黄河、汶河洪水时，应充分发挥老湖的调蓄能力，尽量不用新湖。当老湖库容不能满足分滞洪要求，需新老湖并用时，应先用新湖分滞黄河洪水，以减少老湖淤积。

结合黄、汶遭遇及黄河中游水库群联合调度成果，对东平湖滞洪区 2000 年、2043 年各量级不同典型黄、汶来水组合进行分洪计算，成果见表 4.4-3。

表 4.4-3 　　　东平湖不同阶段、不同量级洪水分洪运用情况表（全湖运用）

阶段	重现期 /年	最大分洪流量 /(m³/s)	最大分洪量 /亿 m³	水位 /m	蓄量 /亿 m³
2000 年	30	400	0.69	39.88	9.87
	100	3100	3.95	40.77	14.93
	1000	7500	13.72	42.90	28.00
2043 年	30	368	0.22	39.79	9.40
	100	2593	2.91	40.58	13.90
	1000	7500	13.49	42.86	27.80

调洪结果表明，对于 2000 年、2043 年，当黄河发生 30 年一遇以上洪水时，均需相机使用东平湖分洪；发生 100 年一遇左右的洪水均需启用东平湖新湖；发生 1000 年一遇洪水时东平湖老湖将达到最高运用水位为 44.79m。

根据分洪计算成果，分析黄河达设防流量时东平湖老湖相应水位，结果是：对于2000年水平，当黄河达设防流量13500m³/s时，东平湖老湖相应最高湖水位为44.79m，相应最低水位为42.08m；对于2043年水平，老湖相应最高、最低湖水位则分别为44.31m、41.87m。

（2）东平湖老湖调蓄汶河洪水分析计算。结合黄、汶遭遇及汶河设计洪水成果，选择汶河洪水与黄河洪水严重遭遇的年份（1964年）为典型，对东平湖老湖区2000年、2043年各量级黄、汶来水组合进行调蓄计算，成果见表4.4-4。

表4.4-4　　　　　不同阶段东平湖老湖调蓄不同量级汶河洪水计算成果表

阶　段	重现期/年	最大蓄量/亿 m³	最高湖水位/m	最大出湖流量/(m³/s)	相应湖水位/m
2000 年	20	12.24	44.93	1753	44.92
	10	11.23	44.45	1335	44.40
2043 年	20	12.24	44.94	1732	44.93
	10	11.13	44.40	1304	44.39

调蓄成果表明，由于2000年、2043年庞口闸口黄河水位流量关系线差别不大，两个设计阶段东平湖最高水位成果几乎相同，汶河20年一遇来水老湖最高水位分别为44.93m、44.94m；汶河10年一遇来水老湖最高水位分别为44.45m、44.40m。显然，2000年、2043年黄河河道条件下，黄河、汶河洪水严重遭遇时，东平湖老湖区满足防御汶河10年一遇的洪水标准；汶河20年一遇来水情况下，东平湖老湖区将达到最高运用水位44.79m，需启用新湖滞蓄汶河洪水。

4.4.2.2　东平湖设计水位复核成果

结合东平湖滞洪区分洪运用分析和老湖区调蓄汶河洪水分析成果：东平湖老湖最高运用水位按44.79m考虑，当黄河发生30一遇以上"下大洪水"时，需相机使用东平湖分洪；发生1000年一遇洪水时东平湖老湖将达到最高运用水位44.79m。对于2000年、2043年，东平湖老湖区完全满足防御汶河10年一遇的洪水标准；当黄河、汶河洪水严重遭遇时，汶河20年一遇来水情况下，东平湖老湖区将达到最高运用水位44.79m。

5 东平湖工程地质勘察研究

5.1 区域地质构造与地震动参数

工程区在大地构造单元上属华北板块，处于冀中板块和冀鲁板块两个次级板块的交接部位。区域断裂的性质多和基底构造相一致，走向大体以 NNE、NE、NWW、NW 为主，这些断裂不仅是大地构造单元的边界，控制第四系的沉积及现代地貌的发育，而且是各级地震的控发震构造，沿断裂形成明显的地震集中带。影响场区建筑物稳定的主要地质构造是北起聊城南、经巨野县南入河南省，长 215km 的新华夏系正断层巨野断裂（走向为 355°，倾向 SW），工程区在附近 100km 范围内还有聊城—兰考、鄄城、曹县、磁县—大名等断裂穿过。

场区在地震分区上属华北地震区邢台～河间地震带。华北地震区总的特征是地震活动强度大，但其频率较低，属地震活动中等的地震区。震源深度一般为 5～30km，为浅源地震。

工程区位于华北断块区南部，近场区不存在深大断裂构造。据《中国地震动参数区划图》（GB 18306—2001），该区地震动峰值加速度为 0.10g，对应的地震基本烈度为Ⅶ度，地震动反应谱特征周期为 0.40s。

5.2 闸址区工程地质条件

5.2.1 地形地貌

闸址区地貌单元属黄河冲积平原。位于黄河右岸大堤 338＋886～339＋020 处，黄河大堤堤顶高程 48.35～49.22m，临河滩地高程 40.75～42.26m，背河滩地高程 39.53～40.90m，临背河差一般 1.2～2.7m，呈典型的"悬河"地貌。

5.2.2 地层岩性

闸址区在 30m 勘探深度内所揭露土层上部为第四系全新统河流相冲积物（Q_4^{al}），下部为第四系上更新统河流相冲积物（Q_3^{al}），主要土层分述如下：

(1) 第四系全新统河流相冲积物（Q_4^{al}）。第①层粉质黏土、黏土 CL（Q_4^{al}）：浅黄、灰黄、浅灰色，软塑状，含腐烂植物根系，具灰绿及褐黄色锈斑。层厚 11.90～12.10m，平均 12.00m；层底高程 27.91～28.20m。

该层夹有壤土、砂壤土层，其中壤土①-L 层：灰黄、浅灰色，软塑状，塑性差，含有腐殖条带，呈透镜体状分布。砂壤土①-SL 层：浅灰黄、灰黄色，中密状，摇震反应中等，分布不连续，呈透镜体状。

第②层黏土 CL（Q_4^{al}）：灰黄、灰色，可塑状，夹粉质黏土和壤土薄层或透镜体，含螺壳及蚌壳碎片，该层下部含少量小钙质结核，结核粒径约 0.5cm。厚度 2.96～4.64m，平均 3.59m；层底高程 23.00～25.20m。

（2）第四系上更新统河流相冲积物（Q_3^{al}）。第③层壤土 L（Q_3^{al}）：灰黄、黄白色，可塑状，切面粗糙，含少量钙质结核，结核粒径 1～3mm，含量 1%～5%。该层厚度 2.18～3.85m，平均 3.24m；层底高程 21.01～21.69m。

该层夹有③-CL 粉质黏土薄层：灰黄、黄白色，可塑状，含少量钙质结核，结核粒径 1～3mm，局部富集，呈薄的透镜体状分布。

第④层黏土 CL（Q_3^{al}）：灰黄、黄灰色，局部为棕红色，可塑塑状，含少钙质结核。该层未揭穿，揭露最大厚度约 12m。

该层夹有④-L 壤土层：灰黄、黄灰色，可塑状，与主层黏土层呈互层状，含少量钙质结核，结核粒径 1～3mm。在 67～14 孔底部见有④-SL 砂壤土层：灰黄色，湿，密实状。

5.2.3　土的物理力学性质

本次地质勘察分别取不扰动土样和扰动土样进行了室内土工试验和渗透试验，试验成果分统计结果见表 5.2-1。

根据土的室内物理力学试验统计成果，并考虑取样、试验过程的影响，参考工程类比法的经验值，提出闸基各土层物理力学指标地质建议值见表 5.2-2。

5.2.4　水文地质条件

闸址区的地下水类型主要为松散岩类孔隙水。地下水含水层主要为砂壤土层。黏土和壤土层属相对隔水层。地下类型为孔隙潜水，其补给来源主要为黄河水及湖水补给，其次为大气降水，地下水随着河、湖水位升降而升降。勘察期间地下水水位 39.15～39.37m。

5.2.5　场地土冻结深度

拟建闸址场地为季节性冻土区，根据区域气象资料，年平均地面结冰达 100 多天，最大冻土深度不超过 220mm，地面以下 100mm 冻结平均为 55d。地基与基础设计时可不考虑地基土的冻胀影响。

5.2.6　不良地质作用及对工程不利的埋藏物

勘察期间在场地及钻孔内未发现对工程不利的古河道、沟浜、墓穴、防空洞、孤石等的埋藏物及对工程安全有影响的诸如岩溶、滑坡、崩塌、塌陷、采空区、地面沉降、地裂等不良地质作用。

5.3　主要工程地质问题

5.3.1　地震液化

根据《水利水电工程地质勘察规范》（GB 50487—2008）地震液化初判原则，闸基15m 以上①层、②层以黏土、壤土为主，黏粒含量均大于 16%，地震动峰值加速度0.10g 时，可判为不液化土，①层中的砂壤土根据区域地质资料，在不小于Ⅶ度烈度情况下易发生地震液化，液化等级轻微。

5.3.2　渗透变形

土体在渗流作用下，当渗透比降超过土的抗渗比降时，土体的组成和结构会发生变化或破坏，即渗透变形或渗透破坏。根据《堤防工程地质勘察规程》（SL 188—2005）（附录D）对土的渗透变形判别可知，本次勘察闸基土均为细粒土，渗透变形类型为流土型。

林辛进湖闸闸基土层岩土物理力学指标统计表

表 5.2－1

层号	岩性	项目	黏粒 颗粒大小<0.005mm /%	ω /%	ρ /(g/cm³)	ρ_d /(g/cm³)	G_s	w_L /%	w_P /%	I_P	压缩 ρ_d /(g/cm³)	e(0.0)	e(0.5)	e(1.0)	e(2.0)	e(3.0)	e(4.0)	e(6.0)	渗 ρ_d /(g/cm³)	k_{10} /(×10⁻⁵cm/s)	抗 ρ_d /(g/cm³)	τ(0.5)	τ(1.0)	τ(1.5)	τ(2.0)	τ(3.0)	τ(4.0)	C_q /(kg/cm²)	φ_q /(°)
①	粉质黏土、黏土	组数	12	12	12	12	4	12	12	12	12	12	12	12	12	12	12	12	10	10	12	4	5	2	7	5	4	8	8
		最大值	65.0	60.0	1.99	1.54	2.74	53.0	27.0	26.0	1.50	1.360	1.277	1.208	1.098	1.026	0.983	0.935	1.50	154	1.54	0.47	0.53	0.18	0.80	1.04	0.97	0.46	17.7
		最小值	30.0	27.0	1.63	1.02	2.73	29.0	18.0	9.0	1.03	0.800	0.761	0.739	0.688	0.659	0.639	0.609	1.03	0.003	1.02	0.07	0.22	0.16	0.16	0.47	0.73	0.04	0.6
		平均值	49.0	37.3	1.86	1.35	2.74	40.8	23.1	17.8	1.36	0.955	0.901	0.876	0.838	0.810	0.791	0.759	1.36	17.564	1.35	0.24	0.35	0.17	0.42	0.69	0.82	0.17	6.7
①-SL	砂壤土	组数	3	3	3	3	1				3	3	3	3	3	3	3	3	3	3	3	1	3	1	3	1	1	3	3
		最大值	4.0	30.0	1.98	1.55	2.70				1.58	0.830	0.810	0.798	0.783	0.755	0.770	0.760	1.55	18.8	1.55	0.44	0.87	1.11	1.56	2.58	3.22	0.10	37.6
		最小值	3.0	27.0	1.95	1.51					1.48	0.710	0.698	0.694	0.688	0.685	0.681	0.674	1.50	2.7	1.51	0.44	0.73	1.11	1.49	2.58	2.80	0	33.8
		平均值	3.3	28.7	1.97	1.53	2.70				1.53	0.770	0.755	0.748	0.738	0.726	0.728	0.720	1.52	9.7	1.53	0.44	0.79	1.11	1.52	2.58	3.01	0.05	36.1
①-L	填土	组数	2	2	2	2	1	1	1	1	1	1	1	1	1	1	1	1	1	1	2	1	1		2	1	1	2	2
		最大值	24.0	45.0	1.98	1.53	2.71	29.0	18.0	11.0	1.35	1.020	0.896	0.868	0.825	0.726	0.707	0.672	1.38	2.03	1.53	0.45	0.50		1.05	2.12	2.12	0.2	23.5
		最小值	11.0	29.0	1.97	1.42		18.0	18.0	11.0	1.35	1.020	0.896	0.868	0.825	0.726	0.707	0.672	1.38	2.03	1.42	0.26	0.50		0.61	2.12	2.12	0	2.9
		平均值	17.5	37.0	1.98	1.48	2.70	29.0	18.0	11.0	1.35	1.020	0.896	0.868	0.825	0.726	0.707	0.672	1.38	2.03	1.48	0.45	0.50		0.83	2.12	2.12	0.1	13.2
②	黏土	组数	8	8	8	8	1	7	7	7	7	7	7	7	7	7	7	7	7	7	8	2	5		5	5	5	5	5
		最大值	70.0	41.0	1.94	1.48	2.74	49.0	29.0	21.0	1.54	1.040	1.015	1.001	0.979	0.961	0.944	0.907	1.52	15.300	1.48	0.45	0.83		0.98	1.02	1.23	0.71	8.5
		最小值	52.0	31.0	1.81	1.28	2.74	40.0	23.0	17.0	1.34	0.780	0.759	0.747	0.727	0.711	0.695	0.670	1.32	0.013	1.28	0.34	0.31		0.40	0.38	0.59	0.30	0.6
		平均值	61.0	36.9	1.87	1.37	2.74	45.1	25.3	19.9	1.43	0.914	0.894	0.879	0.830	0.842	0.827	0.798	1.38	3.889	1.37	0.53	0.59		0.65	0.85	0.85	0.46	5

说明：压缩性各级压力下的 e 值单位为 kg/cm²；抗剪强度各级压力下的 τ 值单位为 kg/cm²。

25

层号	岩性	项目	颗粒组成 黏粒 颗粒大小<0.005/mm (%)	含水率 ω (%)	湿密度 ρ (g/cm³)	干密度 ρ_d (g/cm³)	土粒比重 G_s	液限 w_L (%)	塑限 w_P (%)	塑性指数 I_P (%)	压缩 干密度 ρ_d (g/cm³)	ε 0.0	ε 0.5	ε 1.0	ε 2.0	ε 3.0	ε 4.0	ε 6.0	渗透 干密度 ρ_d (g/cm³)	渗透系数 k_{10} ($\times 10^{-5}$ cm/s)	抗剪 干密度 ρ_d (g/cm³)	τ 0.5	τ 1.0	τ 1.5	τ 2.0	τ 3.0	τ 4.0	凝聚力 C_q (kg/cm²)	摩擦角 φ_q (°)
②-CL	粉质黏土		45.0	29.0	1.93	1.50		42.0	22.0	20.0	1.50	0.820	0.806	0.796	0.779	0.768	0.758	0.740	1.33	0.003	1.50		0.58		0.76			0.48	0.6
②-L	壤土		29.0	24.0	2.00	1.61		36.0	19.0	17.0	1.67	0.640	0.600	0.593	0.568	0.550	0.535	0.509	1.64	1.82	1.61		0.49		0.54	0.51	0.56		
③	壤土	组数	6																										
		最大值	25.0	29.0	2.03	1.63	2.71	29.0	19.0	10.0	1.63	0.730	0.710	0.700	0.685	0.675	0.667	0.552	1.56	9.04	1.63		1		1.47	1.55	2.30	0.07	29.5
		最小值	17.0	25.0	1.96	1.52	2.71	26.0	17.0	9.0	1.57	0.680	0.629	0.609	0.581	0.563	0.551	0.528	1.51	3.62	1.52		1		1.47	1.55	2.30	0.07	29.5
		平均值	21.0	27.0	2.00	1.58	2.71	27.5	18.0	9.5	1.60	0.705	0.670	0.655	0.633	0.619	0.609	0.540	1.54	6.33	1.58		1		1.47	1.55	2.30	0.07	29.5
③-CL	粉质黏土		31.0	23.0	2.04	1.66	2.71	25.0	17.0	8.0	1.64	0.660	0.619	0.604	0.586	0.573	0.564	0.548			1.66		0.79		0.97	1.72	1.83	0.41	18.6
④	黏土	组数	4																										
		最大值	64.0	30.0	2.00	1.57	2.74	41.0	24.0	19.0	1.69	0.800	0.786	0.778	0.761	0.750	0.741	0.721	1.58	91.5000	1.57	0.20	0.88		1.34	2.00	3.01	0.65	33.8
		最小值	50.0	27.0	1.95	1.50	2.72	37.0	19.0	15.0	1.52	0.650	0.641	0.635	0.624	0.616	0.608	0.592	1.55	0.0019	1.50	0.20	0.68		0.73	0.32	0.85	0.04	2.9
		平均值	57.2	28.5	1.98	1.54	2.74	38.8	22.0	16.8	1.60	0.740	0.724	0.715	0.701	0.690	0.681	0.661	1.57	22.9625	1.54	0.20	0.78		0.93	0.99	1.53	0.50	11.6
④-CL	粉质黏土		48.0	28.0	1.99	1.55	2.74	38.0	22.0	16.0	1.61	0.700	0.694	0.689	0.671	0.658	0.646	0.642	1.63	0.0007	1.55		0.38		0.73	1.03	1.12	0.33	11.9
④-L	壤土	组数	4																										
		最大值	27.0	26.0	2.12	1.77	2.71	26.0	19.0	9.0	1.77	0.720	0.707	0.701	0.691	0.685	0.677	0.471	1.78	2.94	1.69		0.64		1.32	1.47	1.70	0.27	21.3
		最小值	16.0	20.0	2.00	1.59	2.71	21.0	12.0	7.0	1.58	0.540	0.507	0.493	0.472	0.458	0.440	0.428	1.58	0.54	1.59		0.36		0.52	0.53	1.26	0.13	6.3
		平均值	23.5	23.0	2.04	1.67	2.71	23.0	15.0	8.0	1.70	0.633	0.576	0.568	0.552	0.550	0.528	0.450	1.70	1.16	1.64		0.49		0.92	0.86	1.53	0.22	15.6

表 5.2-2 林辛进湖闸基土层物理力学性质指标建议值

层号及名称	数据组数	天然含水量 w/%	天然重度 r/(kN/m³)	干重度 r_d/(kN/m³)	土粒比重 G_s	天然孔隙比 e_0	饱和度 S_r/%	孔隙率 n/%	液限 w_L/%	塑限 w_P/%	塑性指数 I_P	液性指数 I_L	压缩系数 a_{v1-2}	压缩模量 E_{s1-2}	凝聚力 C_q	内摩擦角 ϕ_q	渗透系数 /(cm/s)
①-CL	12	37.3	18.6	13.5	2.74	0.955	100	49	40.8	23.1	17.8	0.80	0.48	5.2	17.0	6.7	1.5×10^{-6}
①-SL	3	28.7	19.7	15.3	2.70	0.770	100	42	25.3	18.4	6.9	0.79	0.42	5.8	5.0	27.0	1.9×10^{-4}
①-L	2	37.0	19.8	14.8	2.71	0.920	100	46	29.0	18.0	11.0	0.80	0.48	5.2	17.0	11.2	2.0×10^{-5}
②-CL	8	36.9	18.7	13.7	2.74	0.914	100	49	45.1	25.3	19.9	0.70	0.49	5.1	26.0	5.0	3.8×10^{-6}
③-L	2	27.0	20.0	15.8	2.71	0.705	100	41	27.5	18.0	9.5	0.74	0.22	7.6	18.5	10.5	6.3×10^{-5}
③-CL	1	23.0	20.4	16.6	2.71	0.660	100	38	25.0	17.0	8.0	0.74	0.18	8.9	30	18.6	2.0×10^{-6}
④-CL	6	28.5	19.8	15.4	2.74	0.740	100	43	38.8	22.0	16.8	0.39	0.14	10.4	30.0	11.6	2.2×10^{-6}
④-L	4	23.0	20.4	16.7	2.71	0.633	100	38	23.0	15.0	8.0	0.40	0.18	8.9	22.0	15.6	1.1×10^{-5}
④-SL		23.0	20.0	16.5	2.70	0.720	99	39	24.6	17.8	6.8	0.46	0.16	10.1	15.0	20.0	2.0×10^{-4}

根据《堤防工程地质勘察规程》（SL 188—2005）中"关于土的渗透变形判别（附录D)"，采用以下公式确定流土临界水力比降：

$$J_{cr} = (G_s - 1)(1 - n)$$

式中　　J_{cr}——土的临界水力比降；

　　　　G_s——土粒比重；

　　　　n——土的孔隙率，%。

考虑闸基位于Ⅰ级堤防上，安全系数取 2.5。根据土工试验结果，计算各土层临界水力坡降、允许水力坡降，并根据黄河下游工程经验，提出允许水力坡降建议值见表5.3-1。

表 5.3-1　　　　　　　闸基土临界水力坡降值、允许水力坡降及地质建议值表

土层名称	渗透变形类型	土粒比重 G_s	孔隙率 n/%	临界水力比降 J_{cr}	允许水力坡降	地质建议值
①-CL	流土	2.74	49	0.8874	0.355	0.35~0.40
①-SL	流土	2.70	42	0.9860	0.394	0.30~0.35
①-L	流土	2.71	46	0.9234	0.369	0.30~0.35
②-CL	流土	2.74	49	0.8874	0.355	0.35~0.40
③-L	流土	2.71	41	1.0089	0.404	0.35~0.40
③-CL	流土	2.71	38	1.0602	0.424	0.35~0.40
④-CL	流土	2.74	43	0.9918	0.397	0.35~0.40
④-L	流土	2.71	38	1.0602	0.424	0.35~0.40
④-SL	流土	2.70	39	1.0370	0.415	0.30~0.35

根据《堤防工程地质勘察规程》（SL 188—2005），从闸基土的渗透变形判别与计算情况来看，闸基土的渗透变形类型为流土。经计算，流土的允许渗透坡降（因黄河下游堤防为一级堤防，安全系数取 2.5）一般在 0.30~0.40 之间，结合黄河下游建设经验，闸基土的允许渗透比降地质建议值为：黏土 0.40~0.45、壤土 0.35~0.40、砂壤土 0.30~0.35。

5.3.3　岸坡抗冲刷淘刷问题

闸基土主要为黏土、壤土、砂壤土，黏聚力小，抗冲刷、淘刷能力低，可能存在闸底板、边墙、岸坡等部位的冲刷、淘刷问题，应进行适当的工程处理。

5.3.4　沉降变形和抗滑稳定问题

拟建闸基持力层为①层黏土层，压缩性中等偏高，接近高压缩性，在闸址区分布不稳定，壤土、黏土、砂壤土呈互层状或透镜体状相互穿插分布，存在一定程度的不均匀沉降问题。其次地基土天然地基承载力不满足闸基荷载要求，存在地震情况下地基土震陷和沉降变形问题。

闸基持力层为第①黏土层，该层中夹有壤土、砂壤土层，土质较软，黏聚力不高，由于不同岩性的土体强度存在差异，土体在上部荷载作用下易产生剪切破坏，沿较软弱的剪

切面产生滑移破坏，从而导致建筑物失稳，本工程闸基与地基土间摩擦系数建议为0.21，不满足校核摩擦系数0.33～0.39的要求，故设计时需注意抗滑稳定问题。

5.3.5 地下水的腐蚀性

本次勘察增加了闸室地下水水质分析见表5.3-2～表5.3-4。地下水对混凝土腐蚀性判别为无腐蚀，对钢筋混凝土结构中钢筋的腐蚀性判别为弱腐蚀，对钢结构的腐蚀性判别为弱腐蚀。

表5.3-2　　　　　　　　　　　　　地下水对混凝土腐蚀性判别

腐蚀性类型	腐蚀性判别依据	腐蚀程度	界限指标	（地下环境水）检测指标	（地下环境水）腐蚀程度
一般酸性型	pH 值	无腐蚀 弱腐蚀 中等腐蚀 强腐蚀	$pH>6.5$ $6.5\geqslant pH>6.0$ $6.0\geqslant pH>5.5$ $pH\leqslant5.5$	7.66	无腐蚀
碳酸型	侵蚀性 CO_2 含量 /(mg/L)	无腐蚀 弱腐蚀 中等腐蚀 强腐蚀	$CO_2<15$ $15\leqslant CO_2<30$ $30\leqslant CO_2<60$ $CO_2\geqslant60$	未检出	无腐蚀
重碳酸型	HCO_3^- 含量 /(mmol/L)	无腐蚀 弱腐蚀 中等腐蚀 强腐蚀	$HCO_3^->1.07$ $1.07\geqslant HCO_3^->0.70$ $HCO_3^-\leqslant0.70$	10.02	无腐蚀
镁离子	Mg^{2+} 含量 /(mg/L)	无腐蚀 弱腐蚀 中等腐蚀 强腐蚀	$Mg^{2+}<1000$ $1000\leqslant Mg^{2+}<1500$ $1500\leqslant Mg^{2+}<2000$ $Mg^{2+}\geqslant2000$	39.08	无腐蚀
腐蚀性类型	腐蚀性判别依据	腐蚀程度	界限指标	（地下环境水）检测指标	（地下环境水）腐蚀程度
硫酸盐型	SO_4^{2-} 含量 /(mg/L)	无腐蚀 弱腐蚀 中等腐蚀 强腐蚀	$SO_4^{2-}<250$ $250\leqslant SO_4^{2-}<400$ $400\leqslant SO_4^{2-}<500$ $SO_4^{2-}\geqslant500$	94.50	无腐蚀

表5.3-3　　　　　　　地下水对钢筋混凝土结构中钢筋的腐蚀性判别

腐蚀性判别依据	腐蚀程度	界限指标	（地下环境水）检测指标	（地下环境水）腐蚀程度
Cl^- 含量/(mg/L)	弱腐蚀 中等腐蚀 强腐蚀	100～500 500～5000 >5000	106.90	弱腐蚀

表 5.3 - 4			地下水对钢结构腐蚀性判别		
腐蚀性判别依据	腐蚀程度	界 限 指 标	（地下环境水）检测指标	（地下环境水）腐蚀程度
pH $(Cl^-+SO_4^{2-})$ 含量/(mg/L)	弱腐蚀 中等腐蚀 强腐蚀	pH3～11、$(Cl^-+SO_4^{2-})$＜500 pH3～11、$(Cl^-+SO_4^{2-})$≥500 pH＜3、$(Cl^-+SO_4^{2-})$任意浓度	pH＝7.66 $(Cl^-+SO_4^{2-})$＝177.77	弱腐蚀

5.3.6 基坑开挖及降排水问题

（1）基坑开挖。依据《建筑基坑支护技术规程》（JGJ 120—1999），结合周边环境及土质条件，基坑安全等级为三级。

拟建闸基基坑开挖，根据土工试验结果、钻孔资料，结合地区经验，基坑开挖以上土的黏聚力取综合值17kPa，内摩擦角取6.7°。

按朗金理论公式 $h=\dfrac{2c}{\gamma}\sqrt{K_a}$，无堆载情况下，土体直立边坡高度1.91m。

基坑开挖深度大于1.91m时，不能直立开挖，需进行基坑边坡支护。基坑边坡支护方案建议适度放坡并采用土钉墙加喷锚网进行支护。条件具备时可以进行放坡开挖，采用1∶1.25进行放坡。

为保证基坑安全，基坑四周和坡面应采取防水措施，基坑施工应尽量避开雨季，基坑四周严禁超载。

（2）基坑降排水。场地地下水水位39.15～39.37m，接近地表，闸底板开挖至37.0m时，需进行施工降水。降水方案建议采用轻型井点降水方案。

5.3.7 闸基土承载力特征值

闸基各层土的承载力特征值地质建议值见表5.3-5。

表 5.3 - 5			林辛闸闸基土承载力特征值建议值					
层号	①- CL	①- SL	①- L	②- CL	③- L	③- CL	④- CL	④- L	④- SL
f_{ak}/kPa	70	70	70	80	110	110	120	120	120
压缩性	中偏高	中偏高	中偏高	中偏高	中	中	中	中	中

5.4 闸基地基基础方案建议

由于闸址地基土为轻微液化，直接持力层地基承载力不高，不满足墩台承载力要求，因此闸基不宜直接采用天然地基基础方案。建议闸基采用高压旋喷桩复合地基或桩基方案，以消除液化和提高地基承载力。各土层的桩基参数见表5.4-1。

表 5.4 - 1		各土层桩基参数建议值表							
层 号		①- CL	①- SL	①- L	②- CL	③- L	③- CL	④- CL	④- L	④- SL
高压旋喷桩	q_{si}/kPa	20	21	20	21	21	21	23	23	23
	q_p/kPa				80	110	110	120	120	120

层　号		①-CL	①-SL	①-L	②-CL	③-L	③-CL	④-CL	④-L	④-SL
钻孔灌注桩	q_{sik}/kPa	40	42	40	40	42	42	45	45	45
	q_{pk}/kPa				250	300	300	350	350	350

5.5　结论与建议

（1）闸址区地震动峰加速度值为 0.10g，地震动反应谱特征周期 0.40s。相应的地震基本烈度为Ⅶ度。

（2）闸址区在地貌单元上属黄河冲积平原区，黄河在该区为地上悬河，黄河大堤堤顶高程 48.35～49.22m，临河滩地高程 40.75～42.26m，背河滩地高程 39.53～40.90m，临背河差一般 1.2～2.7m，呈典型的"悬河"地貌。

（3）闸址区在 30m 深度内主要为第四系全新统河流相和上更新统冲积层，岩性主要为黏土、壤土、砂壤土层，①层、②层属中高压缩性土，其余均为中压缩性土。

（4）闸址区地下水主要为松散岩类孔隙水。其补给来源主要为黄河水、湖水补给，地下水随着河水位升降而升降，勘察时地下水位为 39.15～39.37m。

（5）闸址区存在的主要工程地质问题有闸基土的地震液化、渗透变形、冲刷淘刷、抗滑稳定、沉降变形、地下水的腐蚀性和基坑降排水问题。

（6）基坑不能进行直立开挖，具备条件时也可采用放坡开挖，必要时建议进行边坡支护，基坑边坡支护方案建议采用土钉墙加喷锚网进行支护，具体方案需由设计部门另行设计，基坑开挖需降水，建议采用轻型井点降水方案。

（7）拟建闸基地基处理方案建议采用高压旋喷桩复合地基或桩基方案，具体桩长、桩间距建议设计方根据上部具体荷载确定。

5.6　天然建筑材料

工程施工所需天然建筑材料主要为土料和混凝土骨料（砂子、石子）及块石料。土料主要为临时道路回填所用。由于所用土方量较小，填筑质量要求较低，本工程采用之前堤防工程所用土场，土场位于大堤桩号 339＋150 处，距大堤约 1km。

砂子来源为东平县老湖镇王李屯村老八砂场，可以满足工程需用，料场距顺省道 S255—国道 220—二级湖堤至林辛闸距离约 41.5km。

块石来源为东平县旧县乡旧县 2 村张峪山银乐石料厂，岩性为石灰岩，可以满足要求，料场顺交通道路—国道 220—二级湖堤至林辛闸距离约 33.5km。由砂石料检测报告分析可知：干后极限抗压强度：124MPa，因此，料场块石满足质量要求。

6 林辛闸工程任务及规模

6.1 工程建设的必要性

林辛闸修建于 1968 年，其主要作用为配合石洼、十里堡进湖闸，分水入东平湖，控制黄河下游河道泄量不超过 $10000\text{m}^3/\text{s}$，以确保济南市、津浦铁路、艾山以下黄河两岸广大地区的防洪安全。黄河水利委员会于 2009 年 3 月组织开展了林辛分洪闸工程的安全鉴定工作，鉴定林辛闸为三类闸。为使该水闸正常运行，对林辛闸进行除险加固是十分必要的。

6.2 工程建设任务

本次除险加固设计的工程任务是通过除险加固，恢复水闸枢纽的原标准和原功能。在批准的水闸安全鉴定报告和水利部核查意见的基础上，通过设计复核，确定闸室、桩基础、启闭机房、交通桥及其他建筑物的除险加固方案，完善水闸管理设施，确保黄河下游防洪安全。

6.3 工程规模

根据《山东黄河东平湖林辛分洪闸安全鉴定资料》，对水闸进行除险加固设计，确定的除险加固的主要内容包括下列几个方面。

（1）水闸加固。剥蚀破坏处理：闸室混凝土多处存在冻融破坏，表面剥蚀，混凝土保护层厚度不够。需进行凿毛补强修复，补强材料选用丙乳砂浆。在确定处理范围时，考虑到不同高度剥蚀程度不同，进行分部位处理。剥蚀部位高程由闸后湖区非汛期 10 月水面高程 41.29m 控制，另外增加 0.5m 超高；在剥蚀高程以下处理深度为 35mm，以上为 20mm，处理范围包括闸墩、闸底板和胸墙。

裂缝修补：针对不同的裂缝种类和裂缝宽度，采用不同的处理措施。对宽度不超过 0.2mm 裂缝，可以利用混凝土表面微小独立裂缝或网状裂纹的毛细作用，采用丙乳砂浆进行表面封闭处理。针对上游南导墙裂缝，缝长 3.0m；北减载孔墩与边墩沉陷缝宽 4cm，北翼墙扭面裂缝长 3cm 等贯穿裂缝和宽度大于 0.2mm 的非贯穿性裂缝采用化学灌浆进行处理。

橡胶止水带更换：闸室上游侧边墩与两侧减载孔间因历史沉降差较大，造成两者间橡胶止水带拉裂。需要更换止水带，每条止水带长 12m，共 2 条。处理措施为：取出原有止水带，用螺栓和钢压条将 651 型塑料止水带进行固定，回填 M10 水泥砂浆保护。

消能防冲建筑物加固：海漫复核计算时，长度不足。通过对海漫加长和防冲槽加固两个方案的对比，最终采用加固防冲槽方案。将原防冲槽断面面积由 26.12m² 增大到 33.94m²，为了增强其抗冲能力，挖出原有抛石，采用铅丝笼石进行回填。

（2）启闭机和闸门更换。启闭机已经超过规范规定 20 年折旧年限，设备陈旧；制动器抱闸时出现冒烟现象，轴瓦老化；高度指示器均有不同偏差，有的已经失去作用；部分启闭机减速器、联轴器出现漏油现象；绝大部分启闭机未设荷载限制器。为此，对启闭机进行更换。

闸门为钢筋混凝土平面门，闸门年久失修，3 孔、7 孔、10 孔和 15 孔闸门混凝土脱落，金属构件出露、锈蚀严重；1 孔、6 孔、8 孔、13 孔、15 孔闸门门顶止水拉裂严重，对闸门进行更换，更换为目前普遍应用的钢闸门，门槽止水与闸门同进更换。

（3）启闭机房重建。启闭机房墙体出差贯通裂缝，影响结构安全，为配合启闭机更换，启闭机房整体拆除，重建采用轻钢房屋。

启闭机大梁在复核计算时，其抗剪腹筋不能满足现行规范要求，结构启闭机更换，对其进行重建。重建的大梁采用原有结构型式，断面采用尺寸为宽 30cm，高 100cm，为了增加大梁的整体性，在大梁两端由次梁联结，次梁尺寸为宽 17cm，高 100cm。

（4）交通桥拆除重建。交通桥原设计标准荷载为汽 13，低于目前的荷载标准；交通桥桥伸缩缝处铺装普遍破坏，桥板混凝土老化严重，钢筋多处裸露。综合这样情况，公路桥承载能力严重不足，不能满足当前抗洪抢险的需要，需要拆除重建。

（5）电气设备。电气设备多为改建时架设，部分为涵闸始建时配置，由于年久失修，部分线路已严重老化；电源开关部件为老式闸刀，开关不灵活，有黏滞现象；控制点没有能切断总电源的紧急断电开关。这次加固时，统一更换为新的设备。

（6）安全监测设施。测压管 A1～A4 因淤堵原因引起不通，考虑到曾采用高压水进行疏通处理效果不明显，本次加固采用重设渗压计，仍为 4 组，每组设 2 个渗压计。原闸未设测流设备，造成分洪时分洪流量无法准确掌握。为此，增加两套测流设备。

（7）消能防冲建筑物检查。在水闸安全鉴定时，未进行清淤检查。根据对水闸安全鉴定的核查意见，在初步设计阶段应考虑清淤工作，在施工阶段如发现问题，作变更处理。据现状实测地形与原始设计资料进行计算，确定清淤范围的原则为所有混凝土需要检查的部位，结合防冲槽加固，该处也需要清淤，开挖边坡系数为 1∶4，预留 3m 施工平台。检查部位需要清淤 3.03 万 m³。

（8）水渠拆除重建。林辛闸在改建时，在原铁路桥位置改造成灌溉水渠，矩形断面，外轮廓尺寸为宽 1.5m，高 1.5m；过水断面宽 0.7m，高 1.2m。水渠北起雪松园，南至围十堤。雪松园至林辛闸址段长 177m，林辛闸址段长 130.7m，林辛闸址至围十堤长 139.8m。该渠年久失修，多处开裂；该渠紧邻交通桥，在交通桥重建时，需要将其拆除，留足施工空间。为此，对该渠进行重建，范围为雪松园至围十堤，断面尺寸不变。

（9）堤顶道路恢复和养护。场区施工道路为黄河大堤和二级湖堤，其中黄河大堤 3.5km，二级湖堤 5.4km。路面为 4cm 厚沥青混凝土路面。施工期间弃土、弃渣、建筑材料及闸门吊装等运输车辆，均会对现有路面造成损坏。为此，交通桥两侧引线各考虑 50m 的堤顶道路恢复，施工场区内考虑 2.5km 的道路养护。

7 林辛闸除险加固处理措施研究

7.1 设计依据及基本资料

7.1.1 工程等别及建筑物级别

根据《水闸设计规范》(SL 265—2001)的规定,平原区水闸枢纽工程应根据最大过闸流量及其防护对象的重要性划分等别;水闸枢纽中的水工建筑物应根据其所属枢纽工程等别、作用和重要性划分级别,且位于防洪堤上的水闸,其级别不应低于防洪堤的级别。

林辛分洪闸位于黄河大堤上,设计分洪流量1500m³/s,最大分洪流量1800m³/s。按照上述规定,其工程等别为Ⅱ等,主要建筑物级别为Ⅰ级。

7.1.2 设计依据文件及规程规范

主要依据的规程规范有:

(1)《水利水电工程等级划分及洪水标准》(SL 252—2000)。

(2)《水闸设计规范》(SL 265—2001)。

(3)《水工混凝土结构设计规范》(SL/T 191—2008)。

(4)《混凝土结构设计规范》(GB 50010—2002)。

(5)《混凝土结构加固设计规范》(GB 50367—2006)。

(6)《建筑地基基础设计规范》(GB 50007—2002)。

(7)《建筑桩基技术规范》(JGJ 94—2008)。

(8)《公路桥涵地基与基础设计规范》(JTJ 023—85)。

(9)《公路钢筋混凝土及预应力混凝土桥涵设计规范》(JTG D62—2004)。

(10)《水工建筑物荷载设计规程》(DL 5077—1997)。

(11)《水工建筑物抗冰冻设计规范》(SL 211—2006)。

(12)《水利水电工程钢闸门设计规范》(SL 74—95)。

(13)《水利水电工程启闭机设计规范》(SL 41—93)。

(14)《水利水电工程施工组织设计规范》(SL 303—2004)。

(15)《水利水电工程初步设计报告编制规程》(DL 5021—93)。

(16)《冷弯薄壁型钢结构技术规程》(GB 50018—2002)。

(17)《轻型钢结构住宅技术规程》(JGJ 209—2010)。

(18)《堤防工程设计规范》(GB 50286—98)。

(19)其他国家现行有关法规、规程和规范。

技术要求、设计文件有:

(1)《黄河下游近期防洪工程建设可行性研究报告》(简称《近期可研》),(黄河勘测规划设计有限公司，2008 年 7 月）。

（2）《山东黄河东平湖林辛分洪闸安全鉴定报告》及鉴定结论。

（3）《山东黄河东平湖林辛分洪闸安全鉴定核查报告》。

（4）《黄河下游引黄涵闸、虹吸工程设计标准的几项规定》[黄工字（1980）第 5 号文]。

（5）《关于印发黄河下游病险水闸除险加固工程设计水位推算结果的通知》（黄规计〔2011〕148 号）。

7.1.3 设计基本资料

根据《黄河下游标准化堤防工程规划设计与管理标准（试行）》（黄建管〔2009〕53 号），黄河下游水闸工程（包括新建和改建）防洪标准：以防御花园口站 22000m³/s 的洪水为设计防洪标准，设计洪水位加 1m 为校核防洪标准。东平湖林辛分洪闸位于右岸大堤桩号 338＋886 处，设防流量为 13500m³/s。林辛分洪闸计划 2013 年加固完成，设计水平年以工程完工后的第 30 年作为设计水平年，即 2043 年为设计水平年。林辛闸 2043 年水平年设计防洪水位 49.61m，与原闸设计防洪水位 49.79m 基本相当。本次除险加固仍采用原设计防洪水位 49.79m，校核防洪水位采用 50.79m。考虑到 2043 年水平年设计防洪水位比原闸设计防洪水位低 0.18m，在过流能力复核时，水位采用设计水平年水位。

（1）水位及流量。

1）在复核闸孔过流能力时。

临黄河侧设计洪水位：49.61m。

临黄河侧校核洪水位：50.61m。

相应下游水位均按较高湖水位：44.79m。

相应流量不少于 1800m³/s。

2）在复核消能建筑物时。

上游水位：50.79m。

下游水位较低湖水位：41.79m。

$$Q＝1800m³/s$$

3）验算闸室稳定及防渗设计时。

上游设计挡水位：49.79m。

上游校核挡水位：50.79m。

相应下游水位取消力坎高均为：39.64m。

（2）淤沙高程。根据黄河下游涵闸设计经验，淤沙高程按闸前水位减 2m 计。

（3）地震烈度。根据《中国地震动参数区划图》（GB 18306—2001），闸址超越概率为 10% 的地震动峰值加速度为 0.10g，地震动反应谱特征周期值为 0.40s，对应地震基本烈度为Ⅶ度，设计地震烈度取为Ⅶ度。

7.2 水闸加固工程

7.2.1 水闸计算复核

7.2.1.1 防洪标准复核

林辛闸址（临黄堤右岸 338＋886）处的 2043 设计水平年水位为 49.61m，比该闸原设计防洪水位 49.79m 有所降低，因此防洪标准能够满足要求。

7.2.1.2 水闸过流能力复核

水闸过流能力复核。因 2043 水平年设计防洪水位低于原闸设计防洪水位，本次过流能力复核计算内容主要是 2043 水平年设计水位过流能力及现状过流能力。

2043 水平年上游设计洪水位 49.61m 和校核洪水位 50.61m 时，下游水位均按东平湖较高水位 44.79m；现状按《2008 年黄河中下游洪水调度方案》大河流量 13500m³/s 对应水位 48.06m，相应下游水位 44.79m 进行复核计算。

该闸共 15 孔，每孔净宽 6m，高 4m。坎顶高程 40.79m，胸墙底高程 44.79m，闸门全开时，闸门开启高度为 $e=4$m，为闸孔出流，根据《水力计算手册》，其过流能力计算公式为：

$$Q = \sigma_s \mu e n b \sqrt{2g(H_0 - \varepsilon e)}$$
$$\mu = \varepsilon \varphi$$
$$\varphi = 0.85$$

式中　Q——过闸流量，m³/s；

　　　　b——闸孔单孔净宽，m；

　　　　H_0——计入行近流速水头的堰上水深，m，本次计算忽略行近流速；

　　　　μ——流量系数；

　　　　ε——垂直缩系数；

　　　　n——闸孔数，n 取 15；

　　　　σ_s——堰流淹没系数，自由出流时 σ_s 取 1。

经计算，设计水位时闸孔出流流量为 2166m³/s，校核水位时为 2310m³/s，现状过流时闸孔出流流量为 1904m³/s，故该闸在各种工况下过流能力满足要求。分洪闸分洪入湖，分洪时闸孔淹没与否，取决于下游湖水位。上述分洪流量验算时下游水位为较高湖水位 44.79m，高于闸后现状地表高程 38.79m，所以现状过流能力也满足要求。

7.2.1.3 消能防冲复核

林辛水闸下游消能采用消力池消能，计算工况为上游设计洪水位为 50.79m 时，下游水位为较低湖水位 41.79m。

消力池的计算主要是计算消力池的深度、长度和消力池底板的厚度，消力池深度的计算采用下列公式：

$$T_0 = h'_c + \frac{\alpha q^2}{2g \varphi^2 h'^2_c}$$

$$h'_c = \frac{h'_c}{2} \left(\sqrt{1 + 8 \frac{q^2}{g h'^3} - 1} \right) \left(\frac{b_1}{b_2} \right)^{0.25}$$

$$\sigma h''_c = h_t + S + \Delta z$$

$$\Delta z = \frac{\alpha q^2}{2g} \left(\frac{1}{\varphi^2 h_t^2} - \frac{1}{\sigma^2 h''^2_c} \right)$$

式中　T_0——以出口池底为基准面的上游总能头，m；

　　　　q——水流出闸单宽流量，m²/s；

h'_c——收缩段面水深，m；

h_t——下游水深，m；

Δz——消力池出口水面落差，m；

h''_c——收缩水深的跃后水深，m；

b_1、b_2——消力池首、末端宽度；

σ——水跃淹没系数，可采用1.05～1.0；

φ——消力池出流的流速系数，取0.95；

α——消水流动能校正系数，采用1.0～1.05。

消力池长度L_{sj}按下式计算：

$$L_j = 6.9(h''_c - h'_c)$$
$$L_{sj} = L_s + (0.7 \sim 0.8)L_j$$

式中 L_j——自由水跃长度，m；

L_s——消力池斜坡段水平投影长度，m。

复核计算得一级消力池长26.75m，深1.54m，消力坎高0.83m；二级消力池池长17.13m，深1.01m；原一级设计消力池长40.2m，深1.1m，消力坎高1.7m，二级消力池长度16.6m，深1.0m，综合考虑现状消能设施满足要求。

7.2.1.4 海漫长度复核

海漫长度按下式计算：

$$L_p = K_s \sqrt{q_s \sqrt{\Delta H'}}$$

式中 L_p——海漫长度，m；

K_s——海漫长度计算系数，视土质而定，本工程为壤土和黏土夹层地基，取$K_s = 9.5$；

q_s——消力池末端单宽流量，m³/(s·m)，$q_s = \dfrac{Q}{B'}$，B'为下游平均水面宽度，m；

$\Delta H'$——上下游水位差，m。

经计算得，闸门全开时$L_p = 72$m。

实际海漫长度为47.8m，不满足要求，需要采取加固措施。

7.2.1.5 闸室渗流稳定复核

(1) 闸基防渗排水布置分析。根据林辛进湖闸1982年改建后的竣工资料，该闸原防渗总长度为53.8m（其中黏土铺盖40m，闸底板长13.8m），改建后防渗段向闸后增长20m，减压排水井改设在一级消力池后部，防渗总长度为73.8m。

原闸坐落在I₃层（轻壤中壤土层），消力池段坐落在I₄层（黏土层），按《水闸设计规范》（SL 265—2001）中渗径系数法初估基础防渗轮廓线长度，即：

$$L = C\Delta H$$

式中 L——基础防渗轮廓线长度，m；

ΔH——上、下游水位差，m；

C——渗径系数。

在校核防洪水位下，其上下游水位差为$\Delta H = 11.2$m，渗径系数$C = 5 \sim 3$（壤土层），基础防渗长度应为 56.0～34.0m。

原设计防渗长度已达 73.8m，完全满足设计要求。

综上所述，原闸防渗排水布置满足要求。

（2）闸基渗流稳定计算。计算方法采用《水闸设计规范》（SL 265—2001）中的改进阻力系数法。

1）土基上水闸的地基有效深度计算。按下式计算：

当 $\dfrac{L_0}{S_0} \geqslant 5$ 时：
$$T_e = 0.5 L_0$$

当 $\dfrac{L_0}{S_0} < 5$ 时：
$$T_e = \frac{5 L_0}{1.6 \dfrac{L_0}{S_0} + 2}$$

式中　T_e——土基上水闸的地基有效深度，m；

　　　　L_0——地下轮廓的水平投影长度，m，$L_0 = 106.6$m；

　　　　S_0——地下轮廓的垂直投影长度，m，$S_0 = 8.7$m。

当计算的 T_e 值大于地基实际深度时，T_e 值应按地基实际深度采用。

林辛分洪闸项目中，因 $\dfrac{L_0}{S_0} = 39.3 > 5$，故 $T_e = 0.5 L_0 = 36.9$m。

由地质报告可知，Ⅱ层为本区较厚的黏土层（厚度 3～2m 以上），可作为本区的相对隔水层，故地基实际深度应采用 13m。

2）分段阻力系数计算。分段阻力系数的计算采用下式：

进出口段：
$$\zeta_0 = 1.5 \left(\frac{S}{T} \right)^{3/2} + 0.441$$

内部垂直段：
$$\zeta_y = \frac{2}{\pi} \ln \mathrm{ctg} \frac{\pi}{4} \left(1 - \frac{S}{T} \right)$$

水平段：
$$\zeta_x = \frac{L_x - 0.7 (S_1 + S_2)}{T}$$

式中　ζ_0、ζ_y、ζ_x——进出口段、内部垂直段、水平段的阻力系数；

　　　　　　S——齿墙或板桩的入土深度，m；

　　　　　　T——地基有效深度或实际深度，m；

　　　　　　L_x——水平段的长度，m；

　　　　S_1、S_2——进出口段齿墙或板桩的入土深度，m。

林辛进湖闸可分段为：进口段、内部水平段 1、内部垂直段 1、内部水平段 2、内部垂直段 2、内部水平段 3（水平段＋倾斜段）、内部水平段 4 和出口段几部分，经计算，各段阻力系数分别为：

$\zeta_{0进} = 0.491$，$\zeta_{x1} = 3.077$，$\zeta_{y1} = 0.037$，$\zeta_{x2} = 1.022$，$\zeta_{y2} = 0.015$，$\zeta_{x3} = 0.608$，$\zeta_{x4} = 1.017$，$\zeta_{0出} = 0.465$。

3）各分段水头损失的计算。各分段水头损失按下式计算：
$$h_i = \frac{\zeta_i}{\sum \zeta_i} \Delta H$$

式中　h_i——各分段水头损失值，m；

ζ_i——各分段的阻力系数。

当内部水平段的底板为倾斜，其阻力系数

$$\zeta_s = \alpha \zeta_x$$

$$\alpha = 1.15 \frac{T_1 + T_2}{T_2 - T_1} \lg \frac{T_2}{T_1}$$

式中　α——修正系数；

T_1、T_2——小值一端和大值一端的地基深度。

经计算，各段水头损失值分别为：$h_{0进} = 0.813$m，$h_{x1} = 5.096$m，$h_{y1} = 0.061$m，$h_{x2} = 1.693$m，$h_{y2} = 0.024$m，$h_{x3} = 1.006$m，$h_{x4} = 1.685$m，$h_{0出} = 0.771$m。

4）各分段水头损失值的局部修正。进出口段修正后的水头损失值按下式计算：

$$h_0' = \beta' h_0$$

$$\beta' = 1.21 - \frac{1}{\left[12\left(\dfrac{T'}{T}\right)^2 + 2\right]\left(\dfrac{S'}{T} + 0.059\right)}$$

式中　h_0'——进出口段修正后水头损失值，m；

h_0——进出口段水头损失值，m；

β'——阻力修正系数，当计算的 $\beta' \geqslant 1.0$ 时，采用 $\beta' = 1.0$；

S'——底板埋深与板桩入土深度之和，m；

T'——板桩另一侧地基透水层深度，m。

经计算，$\beta_{0进}' = 0.696$，$\beta_{0出}' = 0.749$。

则修正后水头损失：$h_{0进}' = 0.554$m，$h_{0出}' = 0.432$m。

修正后水头损失的减小值 Δh 按下式计算：

$$\Delta h = (1 - \beta') h_0$$

故进、出口各修正后水头损失的减小值分别为：$\Delta h_进 = 0.259$m，$\Delta h_出 = 0.339$m。

水平段及内部垂直段水头损失值的修正，由于 h_{x1}、h_{x4} 均大于 Δh，故内部垂直段水头损失值可不加修正，水平段的水头损失值按下式修正：

$$h_x' = h_x + \Delta h$$

式中　h_x——水平段的水头损失值，m；

h_x'——修正后的水平段水头损失值，m。

经计算，$h_{x1}' = 5.356$m，$h_{x4}' = 2.024$m。

5）闸基渗透稳定计算。水平段及出口段渗流坡降值按下式计算：

水平段：
$$J_x = \frac{h_x'}{L_x}$$

出口段：
$$J_0 = \frac{h_0'}{S'}$$

式中　J_x、J_0——水平段和出口段的渗流坡降值；

h_x'、h_0'——水平段和出口段的水头损失值，m。

经计算，$J_{xmax}=0.214$，$J_{0出}=0.539$。

本工程闸基坐落在I_3层（轻壤中壤土层），消力池段坐落在I_4层（黏土层），由《水闸设计规范》（SL 265—2001）表6.0.4的水平段和出口段的允许渗流坡降值，可知：

$$[J_x]=0.25\sim0.35，[J_0]=0.60\sim0.70$$

故工程现有闸基的水平段、减压井出口段渗流坡降值均能满足规范要求，闸基抗渗稳定满足要求。

7.2.1.6 闸室稳定复核计算

（1）基本资料。

建筑物等级：一级水工建筑物；

设计挡水水位：49.79m；

校核挡水水位：50.79m；

挡水时的下游水位：39.64m；

闸室基底面与地基之间的摩擦系数：0.35；

上游闸底板高程：39.89m；下游闸底板高程：39.17m；

浑水容重：12.5kN/m³；淤沙浮容重：8kN/m³。

（2）工况组合。按照《水闸设计规范》（SL 265—2001）的要求，将荷载组合分为基本组合和特殊组合两类，基本组合为设计洪水位和上下游无水两种情况，特殊组合为校核洪水位和设计洪水位＋地震两种情况。各种情况的荷载计算均依据水闸现状。其荷载组合见表7.2-1。

表7.2-1　　　　　　　　　计算工况及荷载组合表

荷载组合	计算工况	水位		荷载						
		闸前/m	闸后/m	自重	水重	静水压力	扬压力	淤砂压力	浪压力	地震惯性力
基本组合	设计挡水位	49.79	39.64	√	√	√	√	√	√	
	上、下游均无水			√						
特殊组合	校核挡水位	50.79	39.64	√	√	√	√	√	√	
	设计挡水位＋地震	49.79	39.64	√	√	√	√	√	√	√

（3）计算方法。根据《水闸设计规范》（SL 265—2001），土基上的闸室稳定计算应满足下列要求：沿闸室基底面的抗滑稳定安全系数在基本组合情况下不小于1.35，在特殊组合情况下校核洪水位时不小于1.20、设计洪水位＋地震时不小于1.10。

根据《水闸设计规范》（SL 265—2001），闸室抗滑稳定安全系数计算公式为：

$$K_c=\frac{f\sum G}{\sum H}$$

式中　K_c——沿闸室基底面的抗滑稳定安全系数；

　　　$\sum H$——作用在闸室上的全部水平向荷载，kN；

　　　$\sum G$——作用在闸室上的全部竖向荷载，kN；

　　　f——闸室基底面与地基间的摩擦系数。

由于该闸底板下采用钻孔灌注桩基础，因此验算沿闸室底板底面的抗滑稳定性应计入桩体的抗剪断能力。因此，上述公式分子项中应计入桩体材料抗剪断强度与桩体横截面面积的乘积。

根据《水闸设计规范》（SL 265—2001），闸室基底应力按下列公式计算：

$$P_{\min}^{\max} = \frac{\sum G}{A} \pm \frac{\sum M_x}{W_x}$$

式中　$P_{\max}$、$P_{\min}$——闸室基底应力的最大值和最小值，kPa；

$\quad\quad \sum G$——作用在闸室上的全部竖向荷载（包括扬压力），kN；

$\quad\quad \sum M_x$——作用在闸室上的竖向和水平荷载对基础底面垂直水流方向形心轴 x 的力矩，kN·m；

$\quad\quad A$——闸室基底面的面积，m²；

$\quad\quad W_x$——闸室基底面对于该底面垂直水流方向的形心轴 x 的面积矩，m³。

（4）计算成果。闸室底板采用分离式，所以闸室稳定按边跨、中跨两种情况分别进行计算，计算得到的基底应力结果作为钻孔灌注桩的复核提供依据。计入桩体的抗剪断能力后，单桩抗剪断能力（仅考虑混凝土的抗剪能力）为 $0.07 \times 7.5 \times 3.14 \times 425^2 = 297760$N。中跨总桩数为 30 根，总的抗剪断力为 8932.8kN，在不计底板摩擦力时最小 $K_c = 1.45$，大于规范要求的 1.35；边跨为 48 根桩，总的抗剪断力为 14292.48kN，在不计底板摩擦力时最小 $K_c = 1.46$，大于规范要求的 1.35；用以上值求出的抗滑稳定安全系数在不计入摩擦力时 K_c 大于规范允许值。因此该闸的抗滑稳定满足要求。

其稳定计算成果见表 7.2 - 2、表 7.2 - 3。

表 7.2 - 2　　　　　　　　　　边跨稳定计算成果表

计算工况	垂直力/kN	水平力/kN	弯矩/(kN·m)	K_c
设计挡水位	20146.33	8103.34	−7274.48	1.76
上、下游无水工况	25941.95	0	−29453.60	—
校核挡水位	20033.4	9768.58	−1207.05	1.46
设计洪水位＋地震	20146.33	7267.97	−14143.34	1.96

注　垂直力向下为正，水平力指向下游为正，弯矩顺时针为正。

表 7.2 - 3　　　　　　　　　　中跨稳定计算成果表

计算工况	垂直力/kN	水平力/kN	弯矩/(kN·m)	K_c
设计挡水位	10974.95	5110.22	−15302.85	1.75
上、下游无水工况	14514.48	0	−26380.86	—
校核挡水位	10914.11	6160.37	−10585.08	1.45
设计洪水位＋地震	10974.95	4609.6	−18907.18	1.94

注　垂直力向下为正，水平力指向下游为正，弯矩顺时针为正。

7.2.1.7　结构安全复核

（1）计算内容及方法。根据《水闸设计规范》（SL 265—2001）及《水闸安全鉴定规定》（SL 214—98）相关规定，水闸结构安全复核部位主要包括闸室段的边墩和底板，中墩所受荷载对称，受力较小，可不进行复核。

计算内容包括结构内力计算和正常使用极限状态下计算正截面裂缝宽度验算。

根据《林辛闸改建加固工程竣工图》、《水工混凝土结构设计规范》（SL 191—2008）及相关混凝土结构计算理论，对林辛水闸的结构进行安全复核计算。

（2）计算模型。水闸边墩简化为固结在底板上的悬臂梁，底板下有钢筋混凝土钻孔灌注桩基，结构计算采用桩基承台。

（3）计算参数。计算荷载包括自重荷载、机架桥荷载、水压力、扬压力和土压力、地震惯性力等，机架桥及上部启闭机房、启闭机的重力通过排架柱传到闸墩上；混水容重取 $\gamma_w = 12.5 \text{kN/m}^3$，清水容重取 $\gamma_w = 10 \text{kN/m}^3$；扬压力为渗透压力与浮托力之和。边墩后回填壤土，干容重为 15kN/m³，湿容重 18.5kN/m³，饱和容重 20kN/m³。闸室混凝土标号为 150 号。

（4）计算工况及荷载组合。

边墩：分别在闸门前和闸门后取单宽悬臂板，由于边墩上游回填黏土防渗，按墩后无水考虑，取最危险工况－地震工况计算。计算荷载包括：土压力＋自重＋上部结构自重＋地震惯性力。

底板：取单宽板条计算。经计算，完建期地基应力最大，因此，取完建工况为计算工况。计算表荷载包括：自重＋桩顶荷载。

（5）计算成果。承载能力极限状态的配筋计算结果，及正常使用极限状态的裂缝宽度验算结果见表 7.2－4。

表 7.2－4　　　　　　　　　　　配筋计算及裂缝宽度验算表

位置		原配筋面积 /(mm²/m)	复核配筋面积 /(mm²/m)	原配筋面积对应的裂缝宽度计算值 /mm	裂缝宽度允许值 W /mm
边墩	闸门前	1608	1406	—	—
底板		1608	1581	0.23	0.25

由表 7.2－4 可看出：边墩、底板配筋面积和裂缝宽度均满足《水工混凝土结构设计规范》（SL 191—2008）规定的要求。

7.2.2　水闸加固设计

（1）胸墙和闸墩混凝土表面有麻面现象，混凝土脱落的处理。水闸混凝土表面的麻面和脱落，属于冻融剥蚀，采取的修补方法"凿旧补新"，即清除受到剥蚀作用损伤的老混凝土，浇筑回填能满足特定耐久性要求的修补材料。"凿旧补新"的工艺为：清除损伤的老混凝土→修补体与老混凝土接合面的处理→修补材料的浇筑回填→养护。

本闸缺陷混凝土的修补材料选用丙乳砂浆，丙乳砂浆与普通砂浆相比，具有极限拉伸率提高 1～3 倍，抗拉强度提高 1.35～1.5 倍，抗拉弹模降低，收缩小，抗裂性显著提高，与混凝土面、老砂浆及钢板黏结强度提高 4 倍以上，2d 吸水率降低 10 倍，抗渗性提高 1.5 倍，抗氯离子渗透能力提高 8 倍以上等优异性能，使用寿命基本相同，且具有基本无毒、施工方便、成本低，以及密封作用，能够达到防止老混凝土进一步碳化，延缓钢筋锈蚀速度，抵抗剥蚀破坏的目的。

具体加固措施为：对缺陷混凝土进行凿毛，凿毛深度约等于保护层，用高压水冲洗干净，要求做到毛、潮、净；采用丙乳胶浆净浆打底，做到涂布均匀；人工涂刷丙乳砂浆，表面抹平压光；进行养护。

（2）止水橡胶老化脱落的处理。两岸桥头堡与边墩间不均匀沉降致使该处橡胶止水带拉裂、橡胶止水年久老化；本次加固对原橡胶止水带采用更换新止水带处理，选用651型橡胶止水带，同时更换锚栓和钢压条。

（3）海漫长度不足的处理。根据计算，海漫实际长度比理论计算值短25m，针对海漫长度不足的加固措施，进行以下两个方案的比选。

方案一：拆除原防冲槽及其两侧弧形挡墙；将原干砌石海漫段沿10度扩散角，向后顺延25m；在加长的干砌石海漫末端新设防冲槽，新设防冲槽长度和断面尺寸同原设计，即上口宽13.8m，下口宽0.6m，高2.8m。同时延长两侧浆砌石挡墙，挡墙断面同原设计，墙顶宽0.5m，墙底宽3.8m，高5m。

方案二：对原防冲槽进行加固；海漫长度不足，将无法有效地削减水流余能，会对闸后渠道造成冲刷破坏。但该闸为泄洪闸，海漫以后为东平湖库区的滩地，不存在渠道，因此，可以考虑对原防冲槽进行加固。防冲槽为堆石结构，槽顶与海漫顶面齐平，槽底高程决定于冲刷深度。堆石数量应遵循以能安全覆盖冲刷坑的上游坡面，防止冲坑向上游发展而危及海漫结构安全的原则，防冲槽断面见图 7.2-1，可按下游河床冲至最深时控制，石块坍塌在冲刷坑上游坡面所需的面积 $A=tL$ 确定。

$$A=d_m t \sqrt{1+m^2}$$

式中　d_m——海漫末端河床冲刷深度，m；

t——冲坑上游护面厚度，即堆石自然形成的护面厚度，按 $t \geqslant 0.5$ 选取；

m——坍落的堆石形成的边坡系数，可取 $m=2\sim4$。

$$d_m=1.1 \frac{q_m}{[v_0]}-h_m$$

式中　q_m——海漫末端单宽流量，$m^3/(s \cdot m)$；

$[v_0]$——河床土质允许不冲流速；

h_m——海漫末端河床水深。

对海漫加长和不加长两方案进行了冲刷深度计算，其结果见表 7.2-5；计算结果表

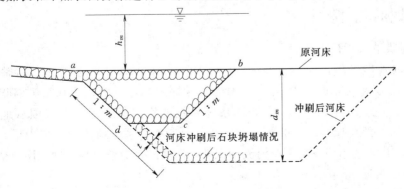

图 7.2-1　防冲槽断面示意图

明，海漫不加长，冲刷深度比海漫加长深 0.69m。对冲坑上游坡面不同护坡厚度和不同坡比情况下抛石槽的计算见表 7.2 - 6。

表 7.2 - 5   现状下游河床冲刷深度

方 案	$Q/(m^3/s)$	B/m	$[v_0]/(m/s)$	h_m/m	d_m/m
方案一（海漫加长）	1800	188	0.75	4	10.04
方案二（对原防冲槽进行加固）	1800	179.2	0.75	4	10.73

表 7.2 - 6   不同护面厚度和不同坡比防冲槽截面面积

d_m/m	t/m	m	$A_{计算}/m^2$	m	$A_{计算}/m^2$
10.73	0.50	2	12.00	3	16.97
10.73	0.60	2	14.40	3	20.36
10.73	0.70	2	16.80	3	23.76
10.73	0.80	2	19.20	3	27.15
10.73	0.90	2	21.60	3	30.54
10.73	1.00	2	24.00	3	33.94

方案二结论：原防冲槽截面面积为 26.24m² ，大于表 7.2 - 6 经验公式计算值的绝大多数。表明防冲槽是安全的，不需要加固。

方案三：类似工程经验；林辛闸与石洼闸相邻，地质条件相同，上下游水位和水头差均相近，闸孔尺寸相同，林辛闸的消能防冲设计可以参考石洼的经验。经查证石洼闸 1976 年改建时的设计资料：《石洼闸改建加固技施设计》与《海漫长度试验报告》。有以下结论：石洼进湖闸初步设计中，根据公式计算，海漫长度达 70m 以上，为了较合理的确定海漫长度，进行了不同海漫长度的局部冲刷比较试验，试验结果为当海漫长度超过 50m，对减小局部冲刷深度作用已不显著，设计时可按 50m 考虑。林辛闸现状海漫长度 47.8m 满足试验成果要求，不再加固。

海漫长度不足处理结论：经过以上三个方案的分析，表明海漫计算长度虽然小于经验计算值，但试验表明海漫长度是合适的，防冲槽也是安全的。因此，不再采取加固措施。

7.3 地基加固工程

7.3.1 基础现状及存在问题

闸址区内地形平坦，一般标高 40.0～40.3m，近坝背坡为柳林区，闸轴线为北东 10°，黄河大堤在此段呈北东 20°左右，据地质勘探揭露，本区地层均系第四纪疏散沉积物，自上而下可分为四个大层：①第四系全新统冲积层，此层分布范围从地表到标高 28.0m 左右总厚度约 12.0m，可分为 11 个小层；②第四系全新统冲积湖积层，此大层仅一层，为黏土层；③第四系全新统河流冲积层；④第四系更新统河流冲积层。地下水位很高，在 39.5m 附近。

基础现状：林辛闸为桩基开敞式水闸，分缝设在闸底板中间，全闸有 12 个中联，2

个边联。中联长 19.3m，宽 7m，底板平均厚度 2m，中联下设混凝土灌注 30 根，桩直径 0.85m，桩长 12.7～19.7m；边联长 19.3m，宽 11.1m，底板平均厚度 2m，边联下设混凝土灌注桩 48 根，桩长 12.7～19.7m。

存在问题：林辛闸自兴建以来，连续沉降观测显示，岸箱与边联各观测点的累计沉降量偏大，各中联累计沉降量多数满足规范要求，其中 2010 年观测结果为北岸箱上游侧累计沉降 520mm，南岸箱上游侧累计沉降 495mm，边联累计沉降 243mm 大于规范限值 150mm；边联与中联间沉降差未超过规范限值 50mm。

本次安全鉴定发现的问题：

（1）地基沉降差不满足设计要求。

（2）中联老桩配筋不满足要求。

7.3.2 桩基础复核

桩基复核计算内容包括单桩的竖向承载力、水平承载力及桩身强度。依据《建筑桩基技术规范》（JGJ 94—2008）、《公路桥涵地基与基础设计规范》（JTJ D63—2007）和《公路钢筋混凝土及预应力混凝土桥涵设计规范》（JTG D62—2004）进行计算。

（1）桩顶作用效应计算。桩顶作用效应采用《建筑桩基技术规范》（JGJ 94—2008）中的两种方法分别进行计算复核。

方法 A：计算公式如下：

偏心竖向力作用下：

$$N_i = \frac{F+G}{n} \pm \frac{M_x y_i}{\sum y_i^2} \pm \frac{M_y x_i}{\sum x_i^2}$$

水平力：

$$H_i = \frac{H}{n}$$

式中　F——作用于桩基承台顶面的竖向力设计值；

　　　G——桩基承台和承台上土自重设计值；

　　　N_i——偏心竖向力作用下第 i 复合桩基或桩基的竖向力设计值；

　M_x、M_y——作用于承台底面通过桩群形心的 x、y 轴的弯矩设计值；

　x_i、y_i——第 i 复合基桩或基桩至 y、x 轴的距离；

　　　H——作用于桩基承台底面的水平力设计值；

　　　H_i——作用于任一复合基桩或基桩的水平力设计值；

　　　n——桩基中的桩数。

群桩形心位置的求法：

$$x_0 = \frac{\sum\limits_i^n x_i}{n}$$

式中　x_i——第 i 棵桩距承台外边缘的距离；

　　　x_0——桩群形心距承台外边缘的距离。

方法 B：低承台桩基的 m 法，依据《建筑桩基技术规范》（JGJ 94—2008）中表 C.0.3-2 进行计算。

林辛闸中联、边联基桩布置见图 7.3-1、图 7.3-2。

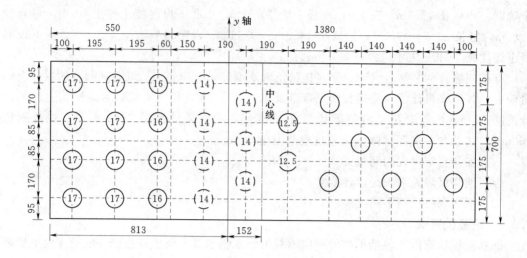

图 7.3-1 林辛闸中联基桩布置图（单位：m）

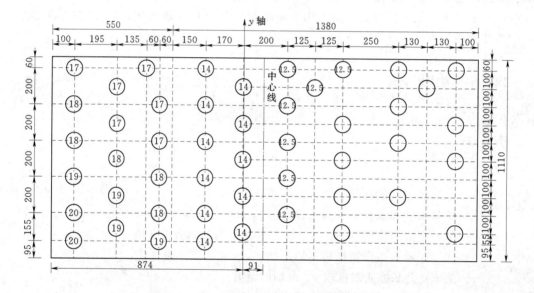

图 7.3-2 林辛闸边联基桩布置图（单位：m）

林辛闸中联桩、边联桩顶荷载设计见表 7.3-1、表 7.3-2。

表 7.3-1 林辛闸中联桩顶荷载设计值

工　况	竖向力/kN	水平力/kN	弯矩/(kN·m)
完建期	14514.48	0	−26380.86
设计洪水位	10974.95	5110.22	−15302.85
校核洪水位	10914.11	6160.37	−10585.08
地震	10974.95	4609.6	−18907.18

注　竖向力向下为正，水平力向下游为正，弯矩顺时针为正。

表 7.3-2 林辛闸边联桩顶荷载设计值

工　况	竖向力/kN	水平力/kN	弯矩/(kN·m)
完建期	25941.95	0	−29453.60
设计洪水位	20146.33	8103.34	−7274.48
校核洪水位	20033.4	9768.58	−1207.05
地震	20146.33	7267.97	−14143.34

林辛闸中联、边联单桩计算结果见表 7.3-3～表 7.3-6。

表 7.3-3 林辛闸中联单桩计算结果（方法 A）

工　况	单桩竖向最大荷载/kN	单桩水平荷载/kN
完建期	448.37	0
设计洪水位	395	176.21
校核洪水位	448.76	212.42
地震	351.61	158.96

表 7.3-4 林辛闸边联单桩计算结果（方法 A）

工　况	单桩竖向最大荷载/kN	单桩水平荷载/kN
完建期	572.89	0
设计洪水位	495.49	168.82
校核洪水位	550.55	203.51
地震	448.42	151.42

表 7.3-5 林辛闸中联单桩计算结果（方法 B）

工　况	单桩竖向最大荷载/kN	单桩水平荷载/kN	弯矩/(kN·m)
完建期	486	−3.17	3.76
设计洪水位	378.0	158.95	−277.48
校核洪水位	381.03	191.97	−333.59
地震	374.5	143.3	−251.78

表 7.3-6 林辛闸边联单桩计算结果（方法 B）

工　况	单桩竖向最大荷载/kN	单桩水平荷载/kN	弯矩/(kN·m)
完建期	491.02	−3.33	4.3
设计洪水位	560.88	152.90	−264.66
校核洪水位	628.11	184.75	−318.19
地震	509.2	137	−238.62

（2）钻孔灌注桩的允许承载力：

$$[P] = \frac{1}{2}(Ul\tau_p + A\sigma_R)$$

$$\tau_p = \frac{1}{l}\sum_{i=1}^{n}\tau_i l_i$$

$$\sigma_R = 2m_0\lambda\{[\sigma_0] + k_2\gamma_2(h-3)\}$$

式中　$[P]$——单桩轴向受压容许承载力，kN，在局部冲刷线以下，桩身自重的 1/2 作为
　　　　　　　外力考虑；

U——桩的周长，m，按成孔直径计算；

l——桩在局部冲刷线以下的有效长度，m；

A——桩底横截面面积，m^2，用设计直径计算；

τ_p——桩壁土的平均极限摩阻力，kPa；

n——土层的层数；

l_i——承台底面或局部冲刷线以下各土层的厚度，m；

τ_i——与 li 对应的各土层与桩壁的极限摩阻力，kPa；

σ_R——桩尖土的极限承载力，kPa；

$[\sigma_0]$——桩尖处土的允许承载力，kPa；

h——桩尖的埋置深度，m；

k_2——地面土允许承载力随深度的修正系数；

γ_2——桩尖以上土的容重，kN/m^3；

λ——修正系数；

m_0——清底系数。

参数取值：$l=12.5m$，$\tau_i=60kPa$，$[\sigma_0]=180kPa$

经计算：$[P]=1100kN$，单桩竖向承载力满足要求。

（3）桩基的水平承载力复核。桩身配筋率不小于 0.65% 的灌注桩单桩水平承载力：

$$R_h = 0.75 \frac{\alpha^3 EI}{\nu_x} \chi_{0a}$$

$$\alpha = \sqrt[5]{\frac{mb_0}{EI}}$$

$$W_0 = \frac{\pi d}{32} \left[d^2 + 2(\alpha_E - 1)\rho_g d_0^2 \right]$$

$$b_0 = 0.9(1.5d + 0.5)$$

$$EI = 0.85 W_0 d/2$$

式中　R_h——单桩水平承载力设计值；

α——桩的水平变形系数；

m——地基土的水平抗力系数的比例系数；

b_0——桩身的计算宽度；

EI——桩身抗弯刚度；

α_E——钢筋弹性模量于混凝土的弹性模量的比值；

d_0——扣除保护层的桩直径；

ρ_g——桩身配筋率；

ν_x——桩顶水平位移系数；

χ_{0a}——桩顶允许水平位移。

参数取值：$a=0.52$，$EI=566288.67$，$\nu_x=0.94$

经计算：$R_h=318kN$，单桩水平承载力满足要求。

（4）桩身强度复核。本次设计基桩正截面抗压承载力计算应符合下列规定：

$$\gamma_0 N_d \leqslant A r^2 f_{cd} + C\rho r^2 f'_{sd}$$

$$\gamma_0 N_d e_0 \eta \leqslant B r^3 f_{cd} + D\rho g r^3 f'_{sd}$$

$$e_0 = \frac{M_d}{N_d}$$

$$g = \frac{r_s}{r}$$

$$\rho = \frac{A_s}{\pi r^2}$$

式中　γ_0——结构重要性系数，本次设计取 1.1；

e_0——轴向力的偏心距；

A、B——有关混凝土承载力的计算系数；

C、D——有关纵向钢筋承载力的计算系数；

r——圆形截面的半径；

g——纵向钢筋所在圆周的半径 r_s 与圆截面半径之比；

ρ——纵向钢筋配筋率；

f_{cd}、f'_{sd}——基桩混凝土抗压强度设计值、普通钢筋抗压强度设计值。

对长细比 $l_0/i > 17.5$ 的构件，应考虑构件在弯矩作用平面内的挠曲对轴向力偏心距的影响。此时应将偏心距 e_0 乘以偏心距增大系数。

偏心距增大系数，按下式计算：

$$\eta = 1 + \frac{1}{1400 e_0/h_0}\left(\frac{l_0}{h}\right)^2 \zeta_1 \zeta_2$$

$$\zeta_1 = 0.2 + 2.7 e_0 \leqslant 1.0$$

$$\zeta_2 = 1.15 - 0.1\frac{l_0}{h} \leqslant 1.0$$

$$i = (I/A)^{\wedge}0.5$$

式中　η——偏心距增大系数；

l_0——桩身计算长度，按桩底、桩顶连接形式确定；

i——截面最小回转半径，对于圆形截面 $i = d/4$；

h_0——截面有效高度；

h——截面高度，圆形截面取 $h = 2r$；

ζ_1——荷载偏心率对截面曲率的影响系数；

ζ_2——桩身长细比对截面曲率的影响系数。

林辛闸中联、边联单桩配筋面积见表 7.3-7、表 7.3-8。

表 7.3-7　　　　　　　　　　　　林辛闸中联单桩配筋面积表

工　况	实际配筋/mm²（新/老）	计算 ρ_{max}/%	计算 A_{smax}/mm²	是否满足
完建期	6440/4177	构造	构造	是
设计洪水位	6440/4177	0.51	2893.99	是
校核洪水位	6440/4177	0.75	4255.87	老桩不满足
地震	6440/4177	0.42	2383.29	是

林辛闸边联单桩配筋面积表

工　况	实际配筋/mm²（新/老）	计算 ρ_{max}/%	计算 A_{smax}/mm²	是否满足
完建期	6440/4177	构造	构造	是
设计洪水位	6440/4177	0.31	1759.10	是
校核洪水位	6440/4177	0.43	2440.03	是
地震	6440/4177	0.25	1418.62	是

（5）桩基础复核结论。桩基础计算分析表明，中联老桩最上游一列桩配筋不满足规范要求，需要采取加固措施。

7.3.3　地基沉降复核

7.3.3.1　地基沉降计算方法

群桩基础沉降计算是一个较为复杂的问题，一直是岩土工程界的难点和重点。目前群桩沉降计算中心方法主要有等代墩基法，经验法，Mindlin - geddes 法，等效作用分层总和法等，本次计算采用等效作用分层总和法，依据《建筑桩基技术规范》（JGJ 94—2008）和《建筑地基基础设计规范》（GB 50007—2001），计算地基变形时，地基内的应力分布，采用各向同性均质线性变形体理论。对于桩中心距不大于 6 倍桩径的桩基，其最终沉降量计算采用等效作用分层总和法。等效作用面位于桩端平面，等效作用面为桩承台投影面积，等效作用附加应力近似取承台底平均附加应力。对于混凝土灌注桩桩基的沉降，忽略桩本身的沉降量，只计算桩端以下未加固土层的沉降。地基最终变形量按下式计算：

$$s = \varphi_s \sum_{i=1}^{n} \frac{p_z}{E_{si}}(z_i\alpha_i - z_{i-1}\alpha_{i-1})$$

式中　φ_s——沉降计算经验系数；

　　　p_z——桩端处的附加压力，kPa；

　　　n——未加固土层计算深度范围内所划分土层数；

　　　E_{si}——桩端下第 i 层土的压缩模量，MPa；

z_i、z_{i-1}——桩端至第 i 层土、第 $i-1$ 层土底面的距离，m；

α_i、α_{i-1}——桩端到第 i 层土、第 $i-1$ 层土底面范围内的平均附加应力系数。

7.3.3.2　参数选取与沉降计算

地质参数来自于《东平湖林辛进湖闸工程地质报告》（1968 年）中相关部分，地基土压缩模量 E_s 成果见表 7.3－9。

表 7.3－9　　　　　　　　　　地基土压缩模量 E_s 成果表　　　　　　　　单位：kPa

E_s ＼ p ＼ 地层	0～50	50～100	100～200	200～300	300～400	400～600	均值
黏土	4459.52	6614.29	8752.38	11356.25	12864.29	12764.29	9468.50
重壤土、黏土	1815.22	4776.47	6986.96	9900.00	15680.00	15580.00	9123.11
中壤土	4325.00	8550.00	11333.33	16850.00	20937.50	22226.67	14037.08

E_s ＼ p 地层	0～50	50～100	100～200	200～300	300～400	400～600	均值
黏土	6185.71	14316.67	10070.59	15409.09	16840.00	16740.00	13260.34
中壤土	7818.18	10681.25	17010.00	28183.33	21062.50	23957.14	18118.73
黏土	2308.82	6400.00	8021.05	11576.92	10657.14	16422.22	9231.03

地基土的压缩模量对沉降计算结果影响很大，本次计算时，对各计算土层的压缩模量的选用进行了分析（见表7.3-10）。

表 7.3-10 地基土压缩 e—p 曲线成果表

e ＼ p 地层	0	50	100	200	300	400	600
轻壤土、中壤土	0.91	0.829	0.804		0.693	0.673	0.641
黏土	0.986	0.906	0.869	0.816	0.781	0.759	0.721
轻壤土、砂壤土	0.77	0.755	0.748	0.738	0.733	0.728	0.72
黏土	0.928	0.892	0.875	0.85	0.832	0.817	0.795
轻壤土、砂壤土	1.09	1.064	1.051	1.024	1	0.975	0.935
黏土	0.873	0.852	0.838	0.817	0.801	0.787	0.759
重壤土、黏土	0.67	0.624	0.607	0.584	0.568	0.558	0.538
中壤土	0.73	0.71	0.7	0.685	0.675	0.667	0.652
黏土	0.732	0.718	0.712	0.695	0.684	0.674	0.654
中壤土	0.72	0.709	0.701	0.691	0.685	0.677	0.663
黏土	0.57	0.536	0.524	0.505	0.492	0.478	0.46

从表7.3-9地基土压缩模量 E_s 成果表，可以看出，同一种土在不同荷载级下的压缩模量与其均值差异性比较大，说明样本的方差比较大。考虑到现状闸基的沉降量比较大，以及桩端处附加应力值的大小（约50kPa），在沉降计算时，选用附加应力由0kPa变化到50kPa时对应的压缩模量作为该土层的压缩模量。

地下水水位标高39.5m，接近地表，由闸基土层物理力学性质试验成果表可知，基础范围内各土层的饱和容重为20kN/m³，基础埋深2.6m，由此可知，基础面的自重应力为26kPa，由闸基稳定计算成果可知，基础面的平均基底应力，边联为121kPa，中联为106kPa。

地基沉降计算成果如下：边联221mm，中联156mm。

7.3.3.3 地基沉降趋势评价

现状情况：林辛闸北边联（左岸）累积沉降量最大值为246mm，南边联（右岸）累积沉降量最大值为266mm，各中联最大沉降量为148mm。该闸的沉降量超出规范规定的

150mm，各联间沉降差未达到规范规定的 50mm。

沉降原因分析：林辛闸基下各土层地质年代为第四系，成因为河流冲积和湖积层，从整体上分四个大层，各大层下又分若干小层，各土层物理力学性质试验成果表明，各土层的空隙比在 0.8 以上，压缩模量（0～50kPa）比较小，属于高压缩性土，地下水位在 39.5m 附近，接近地表。引起闸基沉降的原因比较复杂，林辛闸的沉降原因有以下几点：①地基属于高压缩性土，地基沉降计算也验证了这一点；②原始地基地下水位高，空隙水压力大，当地下水位下降后，随着空隙水压力的释放，有效应力增大；③两侧岸箱未设桩基，它的沉降会引起边联处负摩阻力，带动周围中联的沉降，闸基上游端或下游端从左至右，沉降曲线呈 U 形（见林辛闸上游侧各观测点 2010 年沉降曲线）。沉降观测资料也证明了这一点；④上部结构构在桩端平面处产生的附加应力大，边联为 100kPa，中联为 80kPa，见图 7.3-3、图 7.3-4。

历史沉降资料分析：林辛闸自建以来，每年都有沉降观测数据，林辛闸沉降观测点布置图和各观测点沉降速度变化曲线图见林辛上下游侧沉降曲线图，从各观测点沉降曲线能够看出，自 2001～2010 年间，各观测点沉降曲线呈水平趋势，表明地基土经过 40 年的固结沉降，已趋于稳定。

地基沉降复核结论：从以上计算分析表明，目前地基沉降已稳定。

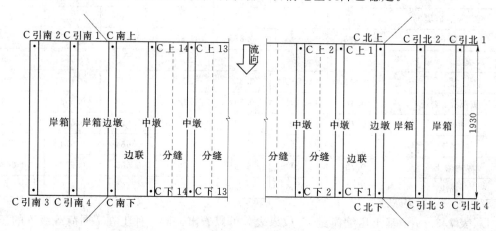

图 7.3-3　林辛闸沉降观测点布置图（单位：m）

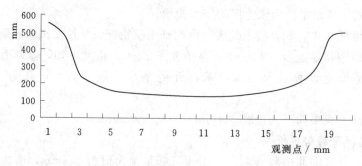

（a）林辛闸上游各观测点 2010 年沉降曲线

图 7.3-4（一）　林辛闸各观测点沉降曲线图

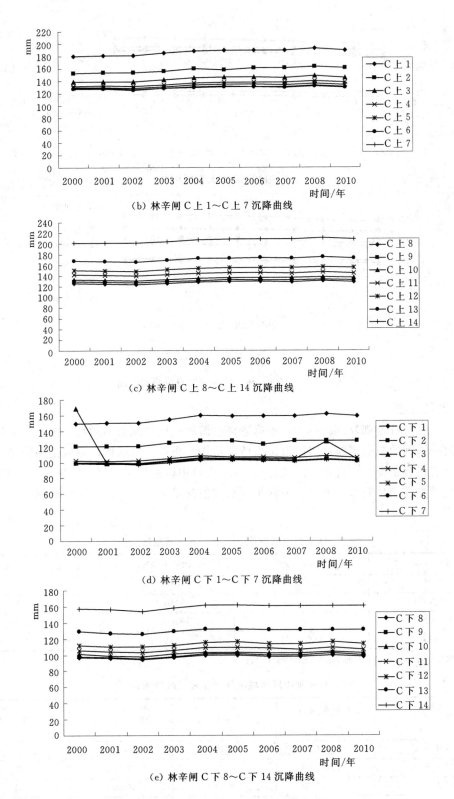

（b）林辛闸 C 上 1～C 上 7 沉降曲线

（c）林辛闸 C 上 8～C 上 14 沉降曲线

（d）林辛闸 C 下 1～C 下 7 沉降曲线

（e）林辛闸 C 下 8～C 下 14 沉降曲线

图 7.3－4（二） 林辛闸各观测点沉降曲线图

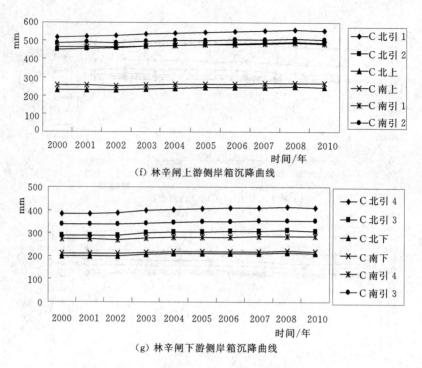

（f）林辛闸上游侧岸箱沉降曲线

（g）林辛闸下游侧岸箱沉降曲线

图 7.3-4（三）　林辛闸各观测点沉降曲线图

7.3.4　地基加固

在 7.3.2 节桩基础复核计算中，中联老桩上游侧一列桩配筋不满足，需要采取加固措施，通过一系列的减载措施：启闭机房由砖混结构，更换为轻结构；混凝土闸门更换为钢闸门，启闭机容量变小（自重相应减轻）。再一次对中联进行了计算，结果表明：减载后，中联桩基础配筋满足要求，林辛闸中联桩顶荷载设计见表 7.3-11，林辛闸中联单桩配筋面积见表 7.3-12。

表 7.3-11　　　　　　　林辛闸中联桩顶荷载设计值（减载后）

工　况	竖向力/kN	水平力/kN	弯矩/(kN·m)
完建期	13620.77	0	−19999.77
设计洪水位	10081.24	5110.22	−8921.76
校核洪水位	10020.4	6160.37	−4203.99
地震	10081.24	4663.13	−11563.31

注　竖向力向下为正，水平力向下游为正，弯矩顺时针为正。

表 7.3-12　　　　　　　林辛闸中联单桩配筋面积表（减载后）

工　况	实际配筋/mm²（新/老）	计算 ρ_{max}/%	计算 A_{smax}/mm²	是否满足
完建期	6440/4177	构造	构造	是
设计洪水位	6440/4177	0.49	2780.50	是
校核洪水位	6440/4177	0.71	4028.8	是
地震	6440/4177	0.46	2610.27	是

7.4 交通桥加固工程

7.4.1 交通桥现状及存在问题

林辛公路桥分为两部分,第一部分与桥头堡相结合;第二部分为标准的公路桥。第一部分采用了宽度为143cm的实心桥板进行铺装,共计6块桥板,桥梁总宽8.63m,净宽7.75m;第二部分采用宽为99cm的实心桥板进行铺装,共计8块桥板,桥梁总宽为8m,净宽为7.5m。第一部分跨径为6.9,第二部分跨径为7m。

原设计标准为汽—13,本次按照新的公路桥梁设计规范进行复核,设计标准为公路Ⅱ级,相当于原汽—20,挂—100。本桥的1号、2号桥板为二次改建时预制的桥板,混凝土标号为250,3号、5号为最初修建水闸预制的桥板。

公路桥伸缩缝处铺装层普遍破坏,交通桥桥板跨中部位混凝土剥蚀严重,钢筋锈蚀裸露。工作桥护栏混凝土老化剥落、露筋及桥面板断裂现象。本次安全鉴定发现的问题:公路桥结构配筋不满足现行规范要求。

7.4.2 交通桥计算复核

7.4.2.1 桥面板计算复核

计算工况取正常运用工况和地震作用。

本桥设计安全等级采用公路Ⅱ级,永久作用为结构自重,可变作用为人群荷载和汽车荷载,偶然作用为地震惯性力,荷载组合见表7.4-1。

表 7.4-1 荷 载 组 合 表

荷载组合	自重	风荷载	上部荷载	车辆荷载	地震作用
正常运用	√	√	√	√	
地震工况	√	√	√	√	√

跨径:标准跨径 $lk=6+0.5\times2=7$m,计算跨径 $l=1.05\times6=6.3$m。

桥面宽度:1m+6m+1m。

设计荷载:汽车荷载:公路—Ⅱ级荷载;人群荷载:3kN/m。

实心板混凝土采用C25。

(1) 计算刚度参数 γ:

$$\gamma=5.8\frac{I}{I_T}\left(\frac{b}{l}\right)^2$$

式中 I——截面抗弯惯性矩;

b——截面宽度;

I_T——截面抗扭惯性矩;

l——计算跨度。

(2) 计算跨中荷载横向分布影响线(见表7.4-2、表7.4-3、图7.4-1)。

表 7.4 - 2　　　　　　　　　　　　　　1 号、2 号板横向分布影响线竖标表

γ	0.04	0.05	0.045	γ	0.04	0.05	0.045
η_{11}	0.311	0.337	0.324	η_{21}	0.234	0.245	0.2395
η_{12}	0.234	0.245	0.240	η_{22}	0.233	0.246	0.2395
η_{13}	0.155	0.155	0.155	η_{23}	0.183	0.19	0.1865
η_{14}	0.104	0.099	0.102	η_{24}	0.122	0.12	0.121
η_{15}	0.072	0.064	0.068	η_{25}	0.084	0.078	0.081
η_{16}	0.051	0.043	0.047	η_{26}	0.06	0.052	0.056
η_{17}	0.039	0.031	0.035	η_{27}	0.046	0.038	0.042
η_{18}	0.033	0.026	0.030	η_{28}	0.039	0.031	0.035

表 7.4 - 3　　　　　　　　　　　　　　3 号、4 号板横向分布影响线竖标表

γ	0.04	0.05	0.045	γ	0.04	0.05	0.045
η_{31}	0.155	0.155	0.155	η_{41}	0.104	0.099	0.1015
η_{32}	0.183	0.19	0.1865	η_{42}	0.122	0.12	0.121
η_{33}	0.2	0.212	0.206	η_{43}	0.163	0.169	0.166
η_{34}	0.163	0.169	0.166	η_{44}	0.188	0.2	0.194
η_{35}	0.11	0.108	0.109	η_{45}	0.157	0.163	0.16
η_{36}	0.078	0.072	0.075	η_{46}	0.11	0.108	0.109
η_{37}	0.06	0.052	0.056	η_{47}	0.084	0.078	0.081
η_{38}	0.051	0.043	0.047	η_{48}	0.072	0.064	0.068

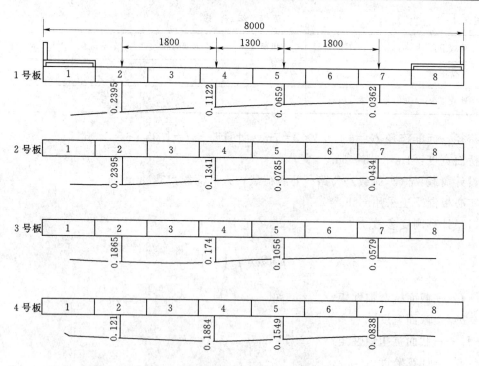

图 7.4 - 1　1～4 号板荷载横向分布影响线图（单位：m）

（3）作用效应计算。包括自重荷载效应和车道荷载效应计算，计算车道荷载效应引起的板跨中截面效应时，均布荷载满布于使板产生最不利效应的同号影响线上，集中荷载只作用于影响线中一个最大影响线峰值处（见图7.4-2）。

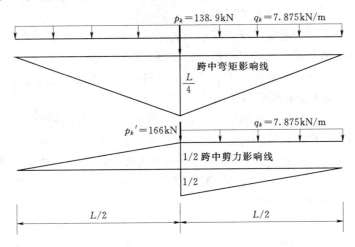

图 7.4-2　简支板跨中内力影响线及加载图

经计算，跨中弯矩 $M = 217.69 \text{kN} \cdot \text{m}$。

跨中剪力 $V = 96.47 \text{kN}$。

现配钢筋面积 $A_s = 4620 \text{mm}^2$，实配钢筋面积 $A_s = 3490 \text{mm}^2$；不满足规范要求。

7.4.2.2　盖梁与墩柱计算

（1）设计标准及上部构造。

设计荷载：公路—Ⅱ级荷载；人群荷载：3kN/m^2。

桥面净空：净 6m+2×1m，标准跨径：6.3m。

柱：700mm×800mm，梁：800mm×700mm。

（2）材料。混凝土：C20，钢筋 HRB335。

（3）可变荷载横向分布系数计算。荷载对称布置时用杠杆法，非对称布置时用偏心受压法。

（4）顺桥向可变荷载移动情况，求得支座可变荷载反力最大值。

（5）计算成果。计算结果表明，原公路桥排架配筋不满足现行规范要求，承载能力不够，需要采取加固措施，公路桥排架柱及盖梁配筋成果见表7.4-4。

表 7.4-4　　　　　　　　　　　公路桥排架柱及盖梁配筋成果表

排 架 部 位	原配筋面积/mm²	计算面积/mm²	是否满足现规范
排架柱	3484	3960	否
梁跨中下部	1520	1272	是
梁柱节点左侧	3484	2869	是
梁柱节点右侧	3484	2869	是

（6）复核结论。交通桥承载能力不能满足规范要求，需要采取加固设计。

7.4.3 交通桥加固设计

7.4.3.1 公路桥上部结构设计

简支梁桥是梁式桥中应用最早、使用最广泛的一种桥形。其构造简单，架设方便，结构内力不受地基变形，温度改变的影响。

装配式板桥是目前采用最广泛的板桥形式之一。按其横截面形式主要分为实心板和空心板。根据我国交通部颁布的装配式板桥标准图，通常每块预制板宽为1.0m，实心板的跨径范围为1.5～8.0m，主要采用钢筋混凝土材料；钢筋混凝土空心板的跨径范围为6～13m；而预应力混凝土空心板的跨径范围为8～16m。

改造后的交通桥荷载设计标准按公路Ⅱ级，采用交通部公路桥涵标准图《装配式钢筋混凝土简支板梁上部构造（1m板宽）》，选用标准为：公路Ⅱ级，跨径8m的装配式空心板桥。整个板面由6块中板（99cm×42cm）和2块边板（99cm×42cm）组成。桥面铺装结构由下而上采用10cm厚C40防水混凝土厚6～11cm沥青混凝土桥面铺装。

7.4.3.2 公路桥排架加固设计

（1）拆除重建方案。

1）工程布置。交通桥排架结构因承载能力不满足现行规范，对其进行拆除重建。柱700mm×800mm改为800mm×800mm，梁800mm×700mm保持不变。

2）植筋计算。公路桥排架以闸墩为基础，闸墩在本次加固中未拆除，新建的排架钢筋需要采用植筋方式与闸墩进行锚固联结。由于原闸墩混凝土标号为150号，相当于C14混凝土，不符合《混凝土结构加固设计规范》（GB 50367—2006）中12.1.2条"当新增构件为其他结构构件时，其原构件混凝土强度等级不得低于C20"的要求。但由于该闸建于20世纪70年代，随着混凝土龄期的增长，混凝土结构强度增加。根据《山东黄河东平湖林辛分洪闸工程现场安全检测报告》，抽检的5个闸墩的混凝土抗压强度见表7.4-5，实际混凝土强度满足植筋要求。

表7.4-5　　　　　　　　　闸墩混凝土抗压强度检测结果表（回弹法）

墩　号	强度平均值/MPa	强度推荐值/MPa	相当于现行混凝土标号
1	25	23.4	C23
7	26.1	23.8	C23
10	25.9	24.1	C24
15	25	23	C23
16	23.5	21.6	C21

《混凝土结构加固设计规范》（GB 50367—2006）中植筋的基本锚固深度 l_s 应按下列公式确定：

$$l_s = 0.2\alpha_{spt}d\frac{f_y}{f_{bd}}$$

式中　α_{spt}——防止混凝土劈裂引用的计算系数，取值1.0；

　　　d——植筋公称直径；

　　　f_y——钢筋抗拉强度设计值，取值300N/mm²；

　　　f_{bd}——植筋用胶黏剂的强度设计值，取值2.3。

根据计算，当采用不同植筋直径为 20mm、22mm、25mm，基本锚固深度分别为 522mm、574mm、652mm。

植筋锚固深度设计值按下式确定

$$l_d \geqslant \psi_N \psi_{ae} l_s$$

式中　ψ_N——考虑各种因素对植筋受拉承载力影响而需加大锚固深度修正系数，取值 1.1；

　　　ψ_{ae}——考虑植筋位移延性要求的修正系数，取值 1.25。

根据计算，当采用不同植筋直径为 20mm、22mm、25mm，设计锚固深度分别为 720mm、790mm、900mm，可以选用 HRB 直径 25mm 钢筋进行植筋。

（2）原排架加固方案。根据以上计算可知，排架结构存在排架柱承载力不足，排架柱受力特点为小偏心受压构件，可以外黏型钢加固方法进行加固。

采用外黏型钢加固钢筋混凝土偏心受压构件时，其矩形截面正截面承载力应按下列公式确定［式中参数说明见《混凝土结构设计规范》（GB 50367—2006）］：

$$N \leqslant \alpha_1 f_{c0} bx + f'_{y0} A'_{s0} - \sigma_{s0} A_{s0} + \alpha_a f'_a A'_a - \alpha_a \sigma_a A_a$$

$$Ne \leqslant \alpha_1 f_{c0} bx \left(h_0 - \frac{x}{2} \right) + f'_{y0} A'_{s0} (h_0 - a'_{s0}) + \sigma_{s0} A_{s0} (a_{s0} - a_a) + \alpha_a f'_a A'_a (h_0 - a'_a)$$

经计算选 Q235 型钢 L75×5，缀板选用 40mm×4mm，间距为 300mm，柱端为 200mm。

（3）方案比选。对公路桥排架加固进行了综合比选，见表 7.4-6，选定排架拆除重建方案为推荐方案。

表 7.4-6　　　　　　　　　　　　公路桥排架加固方案比选表

项　目	排　架　重　建	外黏型钢加固
优点	混凝土结构整体性好、结构耐久性好，空间上容易恢复原桥面高程	构件截面尺寸增加不多，而构件承载力和延性可大幅提高，工期较短
缺点	工期较长，新老混凝土结合部位对施工要求高	耐久性、防腐性和耐火性较差，改变原桥面高程，部分墩柱已破坏，不具备黏钢条件
结论	推荐	比较推荐

7.5　启闭机房加固工程

7.5.1　启闭机房现状及存在问题

启闭机房分缝与闸底板分缝不一致，适应地基变形能力差，闸基的不均匀沉降虽然没超过 5cm，但对砖混结构墙已经影响很大，表现在启闭机房室内墙体多处出现裂缝，桥头堡墙体与这相邻的边墩段墙体间，外墙上自上而下出现贯穿性裂缝，缝宽最宽处达 5cm。

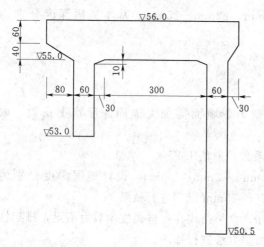

图 7.5-1 启闭机排架剖面图（单位：m）

足规范要求，需要采取加固措施。

本次安全鉴定发现的问题：地震工况下，机架桥排架结构配筋不满足要求，机架桥局部出现不均匀沉降。

7.5.2 启闭机排架及大梁复核

7.5.2.1 启闭机排架复核

（1）基本资料。启闭机房机架桥为钢筋混凝土排架结构，混凝土强度等级为R200，剖面图见图 7.5-1，柱子断面为 600mm × 600mm，梁断面为 600mm × 1000mm。

（2）计算结果。采用 PKPM 软件进行计算，配筋结果见表 7.5-1，结果表明原结构启闭机排架梁支座处承载能力不能满

表 7.5-1　　　　　　　　　林辛闸排架钢筋面积统计表

排架部位	原配筋面积 /mm²	结构类型	计算配筋面积/mm²			
			提门		地震	
短柱	1473	原结构复核	1080	满足	1259	满足
长柱	1904	原结构复核	1080	满足	1259	满足
梁跨中（下部）	4418	原结构复核	3957	满足	1500	满足
梁左端（上部）	2492	原结构复核	3477	不满足	2800	不满足
梁右端（上部）	2768	原结构复核	1587	满足	1500	满足

注　表中所列配筋面积为构件单侧受力钢筋面积。

7.5.2.2 启闭机大梁复核

（1）基本资料。

简支梁：计算跨径 6900mm，截面尺寸：宽 300mm，高 1000mm；

启闭工况为最不利工况：荷载为双吊点：原设计 2×63t；加固设计 2×50t。

（2）计算结果。计算表明加固前后计算成果见表 7.5-2、表 7.5-3，结果表明大梁斜截面抗剪箍筋配筋面积不足；现场查勘发现：右岸 4 号孔下游侧大梁梁底有裂缝，右岸 6 号孔两端有裂缝，左岸 4 号孔下游大梁梁底露筋，表明已出现破坏现象，存在安全隐患；再者为配合机房和启闭机改造需要，本次加固采取拆除重建，断面和跨度同原尺寸。

表 7.5-2　　　　　　　　　大梁钢筋面积统计表（启门力 2×63t）

部　位	原配筋面积	计算配筋面积	是否满足规范
2 号梁跨中纵筋	4Φ25 (1964)	2122	否
2 号梁梁端纵筋	2Φ16 (402)	616	否
2 号梁端箍筋	2Φ9@250 (508)	804	否
2 号跨中箍筋	2Φ9@250 (508)	804	否

表 7.5-3		大梁钢筋面积统计表（启门力 2×40t）	
部　位	原配筋面积	计算配筋面积	是否满足规范
2号梁跨中纵筋	4Φ25（1964）	1206	是
2号梁梁端纵筋	2Φ16（402）	616	否
2号梁端箍筋	2Φ9@250（508）	804	否
2号跨中箍筋	2Φ9@250（508）	804	否

7.5.3　启闭机房加固设计

启闭机、启闭机排架以及闸门三者在结构布置、选型和结构受力上紧密相连，在加固时，三者应统筹兼顾，做成结构安全，运用方便，经济节约。本次加固设计就是基于这样的理念。

（1）方案一：轻钢结构房屋。

1）方案说明。林辛闸闸基历史沉降较大，在采取加固措施时，原则是要做到不增大上部荷载。启闭机房原为砖混结构，主要问题有以下两点：①存在沉降缝设在闸墩上方，闸室分缝分在底板上，两者分缝位置不在同一竖直线上，两者沉降时不同步，加上砖混结构整体性差，造成启闭机房内部裂缝过大，桥头堡与机房间出现贯穿性裂缝，存在安全隐患；②原机架桥排架梁支座处承载力不满足现行规范要求。

轻钢房屋不但整体性好而且自重较轻，对基础变形适应能力强，对能改善排架受力。轻钢房屋主体结构为镀铝锌钢构造，屋面结构从外到内分为屋面玻璃纤维瓦、防水层、玻璃纤维棉隔热、及基板层；墙体结构自内而外分别为内装饰基板、轻钢骨架系统、内墙保温隔音系统、结构定向板材、呼吸防潮系统、外墙保温系统和外墙装饰材料。

2）加固计算。启门机由 2×63t 降低到 2×50t，房屋自重减为砖混结构的 1/6（砖混结构为 1500kg/m²）。加固计算结果见表 7.5-4，机架桥排架配筋满足要求。

表 7.5-4　　　　　　　　　林辛闸排架钢筋面积统计表（方案一）

排架部位	原配筋面积/mm²	结构类型	计算配筋面积/mm²			
			提门		地震	
短柱	1473	轻钢结构	1080	满足	1259	满足
长柱	1904	轻钢结构	1080	满足	1259	满足
梁跨中（下部）	4418	轻钢结构	3093	满足	1500	满足
梁左端（上部）	2492	轻钢结构	1200	满足	1500	满足
梁右端（上部）	2768	轻钢结构	1200	满足	1500	满足

注　表中所列配筋面积为构件单侧受力钢筋面积。

（2）方案二：砖混结构房屋。

1）方案说明。原启闭机房是砖混结构，用砖为黏土实心砖，自重大，不符合当前环保要求。重建时采用轻质混凝土砌块进行原规模恢复，外墙采用 M10 混合砂浆浆砌强度 A10 干密度 B08 轻质混凝土砌块，厚度 240mm。墙体中间设构造柱，断面尺寸 240mm×240mm；墙顶设圈梁一道，断面 240mm×240mm，屋顶采用现浇混凝土板坡屋面，混凝土强度等级为 C20。

2）加固计算。启门机由 $2\times63t$ 降低到 $2\times50t$，砖混结构为 $1500kg/m^2$。加固计算结果见表 7.5-5，机架桥排架配筋满足要求。

表 7.5-5 林辛闸排架钢筋面积统计表（方案二）

排架部位	原配筋面积 /mm²	结构类型	计算配筋面积/mm²			
			提门		地震	
短柱	1473	轻质砌块	1080	满足	1259	满足
长柱	1904	轻质砌块	1080	满足	1259	满足
梁跨中（下部）	4418	轻质砌块	2764	满足	1500	满足
梁左端（上部）	2492	轻质砌块	2244	满足	1751	满足
梁右端（上部）	2768	轻质砌块	1200	满足	1500	满足

注 表中所列配筋面积为构件单侧受力钢筋面积。

（3）方案比选。对两种方案做了如下比选，见表 7.5-6。

表 7.5-6 启闭机房加固方案比选表

项 目	轻 钢 房 屋	砖 混 房 屋
优点	结构整体性好、抗震性好，居住舒适度高，节能，工业化程序高，施工工期短，自重轻，改善结构受力明显	砖适用范围广，各地均有生产，具有很好的耐久性、化学稳定性和大气稳定性。可节省水泥、钢材和木材，不需模板，造价较低。施工技术与施工设备简单
缺点	工程造价较高	砖体是脆性材料，整体性差，抗震性差，不节能，自重大，改善结构受力不明显
结论	推荐	不推荐

表 7.5-6 中轻钢结构与砖混结构的比较来看，前者明显占优，结合本工程实际特点，推荐轻钢房屋为设计方案。

7.5.4 轻型房屋设计

（1）轻型房屋特点。轻型房屋在用材上多用冷弯薄壁型钢，具体有 C 形钢、Z 形钢、U 形钢、带钢、镀锌带钢、镀锌卷板、镀锌 C 形钢、镀锌 Z 形钢、镀锌 U 形钢等；房屋结构形式由梁、柱、檩、龙骨等组成，见图 7.5-2。

轻钢结构房屋是在重钢结构和木结构房屋的基础上发展起来的，既继承了重钢结构的牢固，快捷，又继承了木结构的自重轻，外观可变性强等特点，是目前最具有发展潜力的环保节能型房屋结构。轻钢房屋的优点概括起来有下列几点：

1）结构稳定性高，抗震和抗风性能好。

2）地基及基础的处置非常简单，且由于主体和基础中设有防潮层，防潮效果会更加突出。

3）工业化生产，施工周期短。

4）房屋外形美观，使用空间大。

5）保温隔热隔音效果突出。

6）综合经济效益好。

图 7.5 - 2　轻钢结构房屋

（2）轻型房屋体系。林辛闸轻钢结构房屋见图 7.5 - 3。

1）地基与基础：基础分为钢筋混凝土独立基础和钢筋混凝土条形基础，前者在地质情况较好的场地使用，后者则应用于地质情况较差的场地。施工时需预埋地脚螺栓，加垫片后和钢柱相连。

2）辅材：采用预制构件，不允许现场钻孔、焊接。主钢架（梁、柱）为焊接型钢或热轧型钢，以充分发挥高强度钢材的力学性能。次构件（檩条）为高强度的、经防腐处理的冷弯薄壁 C 形或 Z 形钢，和主钢架采用螺栓连接。

3）围护系统：围护系统分为彩钢压型板和彩钢夹芯板，大多采用自攻螺栓和檩条（屋面檩条或沿墙檩条）连接。压型钢板是以彩色涂层钢板或镀锌钢板为基材，经辊压冷弯成型的建筑用围护板材，其保温及隔热层为离心超细玻璃丝棉卷毡。此种板材现场制

图 7.5 - 3　林辛闸轻钢结构房屋示意图

作，有利于解决大范围内面板搭接易于出现的接缝不严的情况，现场复合使整个大面积的屋面成为一个整体，更加坚固、易排水、防漏、保温，而且建筑外形更加统一、协调、美观。而夹芯板是将彩色涂层钢板面板及底板与保温芯材通过黏结剂（或发泡）复合而成的保温复合围护板材，按保温芯材的不同可分为硬质聚氨酯夹芯板、聚苯乙烯夹芯板、岩棉夹芯板。夹芯板一般为工厂预制。围护系统连接方式一般为咬合连接或者搭接连接。

7.6 桥头堡加固工程

7.6.1 桥头堡现状及存在问题

林辛闸桥头堡建在两岸减载孔上，桥堡头共有三层，中间层与启闭机房相通，房屋结构为砖混凝土结构，目前因桥头堡与机架桥间不均匀沉降严重，桥头堡多处出现沉降裂缝，危及安全运行。

7.6.2 桥头堡加固设计

原桥头堡拆除重建，根据本工程具体情况和功能要求，新设桥头堡左右两岸为不对称结构，为轻钢坡屋面造型。总建筑面积约 410m²，右岸桥头堡建筑共二层：一层为楼梯间、值班室、办公室、工具室及配电室；二层为休息室、监控室和办公室。左岸桥头共二层，为闸后交通桥管理办公室、值班室。

7.7 主要工程量

主要工程量见表 7.7-1。

表 7.7-1 主 要 工 程 量 表

编 号	项 目	单 位	工程量	备 注
一	拆除工程			
1	启闭机房和桥头堡	m²	972.37	砖混结构
2	启闭机机架桥大梁	m³	163.48	
3	公路桥排架混凝土	m³	105.57	
4	公路桥桥面混凝土	m³	278.62	
5	门槽混凝土凿除	m³	61.95	
6	闸上农渠混凝土	m³	662.53	渠道
7	清淤量	m³	30392.74	
8	抛石拆除	m³	—	
9	闸室混凝土凿毛	m³	206.20	
10	土方开挖	m³		
11	土方回填	m³	—	
二	重建工程			
1	渗压计	个	8	
2	启闭机房和桥头堡	m²	1050.50	轻钢结构
3	启闭机大梁			
(1)	机架桥大梁 C30 混凝土	m³	177.23	
(2)	机架桥大梁钢筋	t	23.04	

编 号	项 目	单 位	工程量	备 注
4	交通桥			
(1)	C20 混凝土堵头	m³	4.09	
(2)	C30 混凝土预制空心板	m³	418.95	
(3)	桥台搭板混凝土 C30	m³	25.20	搭板 30cm
(4)	桥面铺装防水层	m²	1197.00	
(5)	桥面防水 C40 混凝土	m³	135.66	交通桥厚 100mm
(6)	桥面沥青混凝土	m³	95.76	交通桥厚 80mm
(7)	青石栏杆	m	268.80	交通桥栏杆
(8)	钢筋	t	119.34	
(9)	铰缝 M15 砂浆	m³	2.00	
(10)	铰缝 C40 混凝土	m³	41.90	
(11)	橡胶支座（GYZ200×28）	个	608	
(12)	支座垫石 C40 混凝土	m³	13	
(13)	伸缩装置 GQF-C60	m	17	
5	公路桥排架钢筋	t	15.84	
6	公路桥排架 C25 混凝土	m³	105.57	0.8m×0.7m
7	铅丝笼石	m³	—	
8	门槽二期混凝土 C30	m³	90.09	
9	插筋	t	12.61	
10	裂缝化学环氧树脂灌浆	m³	0.17	
11	丙乳砂浆修补闸墩	m³	206.2	高程 41.79m 以下厚 35mm，以上厚 20mm
12	651 橡胶止水带	m	24	
13	堤顶道路恢复	m	100	沥青混凝土路面
三	附属工程			
1	农渠 C20 混凝土	m³	662.53	矩形 0.7m×1.2m
2	工作桥青石栏杆	m	751.17	用于工作桥

7.8 除险加固后安全评价

（1）防洪标准评价。除险加固后林辛闸 2043 水平年设计防洪水位为 49.61m，低于原闸设计防洪水位 49.79m，因此防洪标准能够满足要求。

（2）闸室稳定评价。在闸室稳定复核计算中，原闸设防水位下闸室稳定计算满足要求。因为 2043 水平年设防水位低于原闸设防水位，所以闸室稳定能够满足要求。

（3）水闸分洪能力评价。2043 水平年下设防水位 49.61m 时，水闸分洪流量为 2166m³/s，大于 1800m³/s，因此闸室分洪流量满足要求。

综上所述，林辛闸除险加固后，在远期规划 2043 水平年设防标准下，水闸枢纽是安全的，在加固后的运用中，应加强管理和监测保证工程安全运行。

8 林辛闸工程占压及移民安置规划

林辛闸位于东平县代庙乡林辛村，桩号为临黄堤右岸 338＋886～339＋020。主要作用为配合十里堡进湖闸，分水入老湖，控制下游河道泄量不超过 10000m³/s，确保下游防洪安全。

工程占地处理是工程建设的重要组成部分。根据《水利水电工程建设征地移民设计规范》（SL 290—2009）、《水利水电工程建设征地移民实物调查规范》（SL 442—2009）的规定，本阶段工程区的实物调查是以黄河勘测规划设计有限公司为主，有关部门配合下共同完成的。

8.1 实物指标调查

8.1.1 实物调查范围、内容

实物调查范围主要是工程临时占压区。临时占压区是指办公、生活、机械停放、施工仓库和混凝土拌和站等临时占用的地区。

按照 SL 442—2009 要求，在报告的基础上，按照工程占压区地形图对工程占压区的实物指标进行了复核。

8.1.2 实物调查成果

施工临时占地 5.08 亩，均为水浇地，工程影响零星树 26 棵，其中大树 8 棵，中树 10 棵，小树 8 棵（见表 8.1-1）。

表 8.1-1 林辛闸改建工程占压实物汇总表

序　号	项　　目	单　位	实　物
一	临时占地	亩	5.08
1	办公、生活区	亩	1.03
2	机械停放场	亩	0.45
3	施工仓库	亩	0.15
4	混凝土拌和站	亩	0.45
	混凝土预制场	亩	3.00
二	零星树	棵	26

8.2 移民安置

根据实物指标调查成果，本工程无永久占压土地，临时占地 5.08 亩，工程结束后给予复耕，恢复耕种条件，还给农民耕种，为此，本工程不必要作移民安置规划。

8.3 投资概算

8.3.1 编制依据

（1）《中华人民共和国土地管理法》，2004 年 8 月 28 日。

（2）《大中型水利水电工程建设征地补偿和移民安置条例》，2006 年国务院 471 号令。

（3）《山东省实施〈中华人民共和国土地管理法〉办法》，2004 年 11 月 25 日。

（4）山东省人民政府办公厅《关于调整征地年产值和补偿标准的通知》，鲁政办发〔2004〕51 号。

（5）国家及山东省有关行业规范和规定等。

8.3.2 编制原则

（1）凡国家或地方政府有规定的，按规定执行，地方政府规定与国家规定不一致时，以国家规定为准；无规定或规定不适用的，依工程实际调查情况或参照类似标准执行。

（2）各类补偿标准一律按 2011 年 3 季度物价水平计算。

8.3.3 补偿标准确定

本工程不涉及永久占地，临时占地 5.08 亩。

耕地亩产值，按照该工程涉及县前三年统计资料，结合鲁政办发〔2004〕51 号山东省人民政府办公厅《关于调整征地年产值和补偿标准》的通知，分析确定耕地亩产值为 1875 元/亩。

临时占地根据施工组织设计按 1 年补偿。

零星树和土地复垦费等，按照黄河下游标准计算，零星树大树 70 元/棵，中树 40 元/棵，小树 20 元/棵，土地复垦费，挖地 1000 元/亩，压地 600/元，临时占地复垦期减产补助按 1 年产值计算。

8.3.4 其他费用

包括前期工作费、勘测设计科研费、实施管理费、技术培训费、监督费、咨询服务费。

（1）勘测设计科研费：按 3 万元计列。

（2）实施管理费：按直接费的 3 万元计列。

（3）技术培训费：按农村移民补偿费的 0.5% 计列。

（4）监理、监测费：按直接费的 1.5%。

8.3.5 基本预备费

按直接费和其他费用之和的 8% 计列。

8.3.6 概算投资

根据工程占压影响实物指标，按以上拟定的补偿标准计算，林辛闸改建占压处理投资共计 9.17 万元。其中农村移民费 2.44 万元，其他费用 6.05 万元，基本预备费 0.68 万元。

林辛闸改建工程占压投资概算见表 8.3－1。

表 8.3－1　　　　　　　　　　　　林辛闸改建工程占压投资概算表

序　号	项　　目	单位	数量	单价	投资/万元
A	农村移民安置补偿费				2.44
一	征用土地补偿费和安置补助费				0.95
	临时占地				0.95
	压地	亩	5.08	1875	0.95
二	其他补偿				1.49
1	零星树木补偿		26		0.12
	小树	棵	8	20	0.02
	中树	棵	10	40	0.04
	大树	棵	8	70	0.06
2	土地复垦费	亩	5.08	600	0.30
3	临时占地复垦期减产补助	亩	5.08	1875	0.95
B	其他费用				6.05
1	勘测设计科研费				3.00
2	实施管理费				3.00
3	技术培训费				0.01
4	监督费				0.04
C	基本预备费				0.68
	总投资				9.17

9 林辛闸环境保护评价

9.1 设计依据

9.1.1 法律法规和技术文件

（1）《中华人民共和国环境保护法》（1989年12月）。

（2）《中华人民共和国环境影响评价法》（2003年9月）。

（3）《中华人民共和国水法》（2002年10月）。

（4）《中华人民共和国水污染防治法》（2008年6月）。

（5）《中华人民共和国大气污染防治法》（2000年4月）。

（6）《中华人民共和国环境噪声污染防治法》（1996年10月）。

（7）《中华人民共和国固体废物污染环境防治法》（2005年4月）。

（8）《中华人民共和国水土保持法》（1991年6月）。

（9）《中华人民共和国防洪法》（1997年8月）。

（10）《中华人民共和国土地管理法》（2004年8月）。

（11）《建设项目环境保护管理条例》（1998年11月）。

（12）《环境影响评价技术导则—水利水电工程》（HJ/T 88—2003）。

（13）《环境影响评价技术导则—总纲、大气环境、水环境》（HJ/T 2.1～2.3—1993）。

（14）《环境影响评价技术导则—非污染生态影响》（HJ/T 19—1997）。

（15）《环境影响评价技术导则—声环境》（HJ/T 2.4—1995）。

（16）《地表水和污水监测技术规范》（HJ/T 91—2002）。

（17）《水利水电工程环境保护设计规范》（SL 492—2011）。

（18）《建设项目环境保护设计规定》（1987年3月）。

（19）《水利水电工程初步设计报告编制规程》（DL 5021—1993）。

9.1.2 设计原则

环境保护设计针对工程建设对环境的不利影响，进行系统分析，将工程开发建设和地方环境规划目标结合起来，进行环境保护措施设计，力求项目区工程建设、社会、经济与环境保护协调发展。为此，环境保护设计遵循以下原则：

（1）预防为主、以管促治、防治结合、因地制宜、综合治理的原则。

（2）各类污染源治理，经控制处理后相关指标达到国家规定的相应标准。

（3）减少施工活动对环境的不利影响，力求施工结束后项目区环境质量状况较施工前有所改善。

（4）环境保护措施设计切合项目区实际，力求做到：技术上可行，经济上合理，并具有较强的可操作性。

9.1.3 设计标准

（1）环境质量标准。

1)《生活饮用水卫生标准》（GB 5749—2006）。

2)《地表水环境质量标准》（GB 3838—2002）。

3)《环境空气质量标准》（GB 3095—1996）。

4)《声环境质量标准》（GB 3096—2008）。

（2）污染物排放标准。

1)《建筑施工场界噪声限值》（GB 12523—1990）。

2)《污水综合排放标准》（GB 8978—1996）。

3)《大气污染物综合排放标准》（GB 16297—1996）。

9.1.4 环境保护目标及环境敏感点

林辛闸工程的环境保护目标为：

（1）生态环境：项目区生态系统功能、结构不受到影响。

（2）黄河下游及东平湖周围水体不因工程修建而使其功能发生改变。

（3）最大程度减轻施工区废水、废气、固废和噪声对环境敏感点的影响。

（4）施工技术人员及工人的人群健康得到保护。

林辛工程周围无环境敏感点。

9.1.5 环境影响分析

（1）有利影响。林辛闸工程建设有利于提高该地区的防洪排涝能力、确保下游防洪安全、促进经济社会发展。

（2）主要不利影响。

1）水环境影响。施工期间的废污水主要是施工人员生活污水和生产废水，生活污水主要来自施工人员的日常生活产生的污水，污水量很小，生产废水主要来自混凝土拌和系统，冲洗废水中 SS 物质含量较高，直接排放会对水环境造成一定不利影响，但经过沉淀处理后回用对水环境影响较小。

2）环境空气影响。施工期间大气污染物主要是施工机械、车辆排放的 CO、NO_x、SO_2 及碳氢化合物以及车辆运输产生的扬尘，做好洒水等环境空气保护措施后，施工对环境空气影响不大。

3）噪声环境影响。工程施工期，噪声源主要有施工机械噪声和交通噪声，由于施工区周围是耕地，所以对周围影响较小。

4）固体废物影响。工程固体废物有生产弃渣和施工人员生活垃圾。弃渣处置详见水土保持部分，生活垃圾及时清运，采取这些措施后，固体废物对环境影响很小。

5）占地影响。工程无永久占地，全部为临时占地，共占压土地 5.08 亩。占地将按规定给予补偿，当地政府进行土地调整，保证占地影响人口的生活水平不会降低。

6）生态环境影响。工程施工开始后，工程永久占地和临时占地上的植被将被铲除。工程区均为人工植被，因此施工仅造成一定的生物量损失，不影响当地的生物多样性。

水闸施工涉及的范围小，水闸施工对水生生物影响很小。

7）人群健康。在施工期间，由于施工人员相对集中，居住条件较差，易引起传染病的流行。施工期间易引起的传染病有：流行性出血热、疟疾、流行性乙型脑炎、痢疾和肝炎等。应加强卫生防疫工作，保证施工人员的健康。

（3）综合分析。工程对环境的不利影响主要集中在施工期。施工活动对施工区生态、水、大气、声环境将产生一定的不利影响；工程建设对提高防洪排涝能力、保证周围居民生命财产安全有积极的作用。

工程建设对环境的影响是利弊兼有，且利大于弊。工程产生的不利影响可以通过采取措施进行减缓。从环境保护角度出发，没有制约工程建设的环境问题，工程建设是可行的。

9.2 环境保护设计

9.2.1 水污染控制

工程施工期间废水主要包括排放的生产废水和生活污水。

（1）生产废水。

1）混凝土拌和冲洗废水。在水闸施工中，会产生一些混凝土拌和冲洗废水，其主要污染物是悬浮物，同时废水中 pH 值较高，为避免混凝土拌和冲洗废水污染周围水体，采取设置沉淀池，混凝土拌和冲洗废水经沉淀加酸进行调节后回用的处理方式，沉淀物可运至弃渣场。其工艺流程见图 9.2-1。

图 9.2-1 混凝土拌和冲洗废水处理工艺流程图

沉淀池设计：3m×3m×2m（长×宽×高），沉淀时间达 6h 以上。池出水端设计为活动式，便于清运和调节水位。两个沉淀池同时使用。

2）机械冲洗废水。根据施工机械冲洗废水的排放量和水质特点，拟采用小型隔油池处理含油废水，减少机械冲洗废水对水体的影响。该处理方法的特点是构造简单、造价低、管理方便，仅需定期清池，并可回收浮油。将机械停放场地面进行硬化，便于收集油污。四周设置集水沟收集废水，而后进入隔油池处理，达标后回用作机械设备冲洗水或绿地浇洒。其工艺流程见图 9.2-2。

图 9.2-2 机械冲洗废水处理工艺流程图

小型隔油池设计：一池一格，水平流速 0.002m/s，停留时间为 12min，排油周期为 7d，每格尺寸为 3m×0.65m×1.6m（长×宽×高）。

（2）生活污水。生活污水包含有粪便污水和洗涤废水，主要污染物是 COD、BOD_5、氨氮等。工程施工区高峰期人数为 70 人，按高峰期用水量每人每天 0.08m^3 计，排放率以 80%计，每天产生生活污水约 4.48m³。本工程采用机械化施工，由于施工人数较少，为保证黄河水体和东平湖水体水质不受污染，在生活营地和施工区设立环保厕所，生活污水经沉淀后入生物化粪池进行处理，上清液可当作绿化用水，沉淀物可用来堆肥。其工艺流程见图 9.2-3。

生活污水 ⟶ 沉淀池 ⟶ 生物化粪池 ⟶ 回用

图 9.2-3　生活废水处理工艺流程图

9.2.2　大气环境保护

施工期大气污染主要来自机械车辆、施工机械排放的尾气、道路扬尘，污染物主要为 CO、SO_2、NO_x、TSP、PM_{10}等。为控制大气污染需采取下列措施：

（1）进场设备尾气排放必须符合环保标准，应选用质量高有害物质含量少的优质燃料，减少机械设备尾气的排放。

（2）加强机械、运输车辆管理，维护好车况，尽量减少因机械、车辆状况不佳造成的污染。临近居住区车辆实行限速行驶，以防止扬尘过多。

（3）物料运输时应加强防护，避免漏撒对沿线环境造成污染。

（4）道路、施工现场要定期洒水。一般情况下，每两个小时洒水一次，洒水次数可根据季节和具体情况进行增减。施工过程中，在瓜果开花季节，应增加洒水次数，尽量避免漂尘的影响。

9.2.3　噪声控制

施工区噪声主要来源于交通车辆和施工机械噪声。控制噪声污染，需作好以下几个方面的工作：

（1）进场设备噪声必须符合环保标准，并加强施工期间的维修与保养，使其保持良好的运行状态。

（2）合理进行场地布置，高噪声设备尽量远离施工生活区，使施工场地达到《建筑施工场界噪声限值》（GB 12523—90）的标准。

（3）施工场地内噪声对施工人员的影响是不可避免的，对施工人员实行轮班制，控制作业时间，并配备耳塞等劳保用品，减轻噪声危害。

9.2.4　生态环境保护措施

（1）工程应该根据建筑物的布置、主体工程施工方法及施工区地形等情况，进行合理规划布置，尽可能地减少工程占压对植物资源产生的不利影响。加强施工期间的环境管理和宣传教育工作，防止碾压和破坏施工范围之外的植被，减少人为因素对植被的破坏。

（2）工程结束后，临时占地应按要求及时进行施工迹地清理，恢复原有土地功能或平整覆土恢复为农田或林草地。

（3）加强施工期环境管理，各施工单位应设专人负责施工期的管理工作。在施工区、生活区树立警示牌、公告栏，严禁施工人员捕捉野生动物。

9.2.5　固体废弃物处置

固体废弃物主要包括工程产生的弃渣和施工人员产生的生活垃圾。

生活垃圾的处理处置：施工期高峰人数 70 人，按照每人每天产生 1kg 生活垃圾计算，每天最多产生生活垃圾 0.07t，总工日 1.33 万个，约产生生活垃圾 13.3t。为防止垃圾乱堆乱倒，污染周围环境，在施工附属厂区、办公生活区及临时居住区等处设置垃圾箱，对垃圾进行定期收集，并指定专人运往附近垃圾场集中处理。施工弃土堆于堤防背河侧，弃石运往业主指定地点，不会对周围环境产生影响。

9.2.6 人群健康保护措施

（1）生活饮用水处理。工程生活用水可直接在村庄附近打井取用或与村组织协商从村民供水井引管网取得，对食堂的饮用水桶进行加漂白粉消毒，加漂白粉剂量为 8g/m³。

（2）卫生防疫。施工单位应与当地卫生医疗部门取得联系，由当地卫生部门负责施工人员的医疗保健和急救及意外事故的现场急救与治疗。为保证工程的顺利进行，保障施工人员的身体健康，施工人员进场前应进行体检，传染病人不得进入施工区。施工过程中定期对施工人员进行体检，发现传染病人及时隔离治疗，同时还应加强流感、肝炎、痢疾等传染病的预防与监测工作。工程完工后需对场地进行消毒、清理。

施工区流行性疾病防治措施：

1）开展有计划有组织的灭鼠活动，可采用简便高效的毒饵法进行灭鼠，施工期内进行 3 次。

2）加强对食品的卫生监督，集体食堂要做到严格消毒，重视疫情监测，及早发现病人，防止疫情蔓延。

3）夏、秋蚊虫活动频繁的季节，施工人员应挂蚊帐、不露宿，减少蚊虫叮咬机会，服用抗疟药物。

9.3 环境管理

工程的环境保护措施能否真正得到落实，关键在于环境管理规划的制订和实施。

9.3.1 环境管理目标

根据有关的环保法规及工程的特点，环境管理的总目标为：

（1）确保本工程符合环境保护法规要求。

（2）以适当的环境保护措施充分发挥本工程潜在的效益。

（3）使不利影响得到缓解或减免。

（4）实现工程建设的环境、社会与经济效益的统一。

9.3.2 环境管理机构及其职责

9.3.2.1 环境管理机构设置

工程建设管理单位配环境管理工作人员，安排专业环保人员负责施工中的环境管理工作。为保证各项措施有效实施，环境管理工作人员应在工程筹建期设置。

9.3.2.2 环境管理工作人员职责

（1）贯彻国家及有关部门的环保方针、政策、法规、条例，对工程施工过程中各项环保措施执行情况进行监督检查。结合本工程特点，制定施工区环境管理办法，并指导、监督实施。

（2）做好施工期各种突发性污染事故的预防工作，准备好应急处理措施。

（3）协调处理工程建设与当地群众的环境纠纷。

（4）加强对施工人员的环保宣传教育，增强其环保意识。

（5）定期编制环境简报，及时公布环境保护和环境状况的最新动态，搞好环境保护宣传工作。

9.3.3 环境监理

为防止施工活动造成环境污染，保障施工人员的身体健康，保证工程顺利进行，应聘请一名环境监理工程师开展施工区环境监理工作。环境监理工程师职责如下：

（1）按照国家有关环保法规和工程的环保规定，统一管理施工区环境保护工作。

（2）监督承包人环保合同条款的执行情况，并负责解释环保条款。对重大环境问题提出处理意见和报告，并责成有关单位限期纠正。

（3）发现并掌握工程施工中的环境问题。对某些环境指标，下达监测指令。对监测结果进行分析研究，并提出环境保护改善方案。

（4）协调业主和承包人之间的关系，处理合同中有关环保部分的违约事件。

（5）每日对现场出现的环境问题及处理结果进行记录，每月提交月报表，并根据积累的有关资料整理环境监理档案。

9.4 环境监测

为及时了解和掌握工程建设的环境污染情况，需开展相应的环境监测工作，以便及时采取相应的保护措施。针对本项目特点，环境监测主要进行水质、大气、噪声及人群健康监测。

（1）生产废水监测。监测断面：在混凝土拌和系统废水处理设施排水口、机械冲洗废水排放口。

监测因子：pH 值、SS、石油类、废水流量，其他项目可按照污染物变化情况适当增加。

监测频率：施工期监测两次，并根据需要进行不定期抽检。

监测方法：按照《地表水环境质量标准》（GB 3838—2002）的规定执行。

（2）生活污水监测。

监测断面：施工生活区营地生活污水排放口。

监测因子：化学需氧量、五日生化需氧量、氨氮、粪大肠杆菌、污水流量。

监测频率：施工期每季度监测一次，并根据需要进行不定期抽检。

监测方法：按照《地表水环境质量标准》（GB 3838—2002）的规定执行。

（3）卫生防疫监测。

1）施工期人群健康监测。

监测范围：施工区施工人员。

监测频率：施工初期，抽检率为 20%。

2）鼠、蚊蝇密度监测。

监测范围：施工营地。

监测频率：施工高峰期一次。

9.5 环境保护投资概算

9.5.1 环境保护概算编制依据

(1) 编制原则。

1) 执行国家有关法律、法规，依据国家标准、规范和规程。

遵循"谁污染，谁治理，谁开发，谁保护"原则。对于为减轻或消除因工程兴建对环境造成不利影响需采取的环境保护、环境监测、环境工程管理等措施，其所需的投资均列入工程环境保护总投资内。

"突出重点"原则。对受工程影响较大，公众关注的环境因子进行重点保护，在环保经费投资上给予优先考虑。

2) 首先执行流域机构水利建设有关的定额和规定，当国家和地方没有适合的定额和规定时，参照类似工程资料。

(2) 编制依据。

1)《水利水电工程环境保护概估算编制规程》(SL 359—2006)。

2)《工程勘察设计收费标准》(2002 年修订本，国家发展计划委员会、建设部)。

3)《国家计委关于加强对基本建设大中型项目概算中"价格预备费"管理有关问题的通知》(国家发计委 计投资〔1999〕1340 号)。

4)《建设工程监理与相关服务收费管理规定》(发改价格〔2007〕670 号)。

9.5.2 环境保护投资概算

林辛闸工程的环境保护投资包括环境监测费、环境保护临时措施、独立费用、基本预备费，工程环境保护投资为 52.89 万元，其中环境监测费 10.2 万元，环境保护临时措施费 15.68 万元，独立费用 22.2 元，基本预备费 4.81 万元（见表 9.5-1～表 9.5-4）。

表 9.5-1　　　　　　　林辛闸环境保护投资概算表　　　　　　　单位：万元

工程和费用名称	建筑工程费	植物工程费	仪器设备及安装费	非工程措施费	独立费用	合计
第一部分 环境保护措施						
生态保护措施						
第二部分 环境监测				10.2		10.2
一、水质监测				9.6		9.6
二、鼠密度蚊蝇检测				0.6		0.6
第三部分 保护仪器设备						
第四部分 环境保护临时措施	10			5.68		15.68
一、废污水处理	10					10
二、扬尘控制				3.52		3.52
三、固体废物处理				1.21		1.21
四、人群健康保护				0.82		0.82
五、生态环境保护				0.13		0.13

工程和费用名称	建筑工程费	植物工程费	仪器设备及安装费	非工程措施费	独立费用	合计
第五部分 独立费用					22.2	22.2
一、建设管理费					2.2	2.2
二、环境监理费					10	10
三、科研勘测设计咨询费					10	10
第一至第四部分合计						48.08
基本预备费						4.81
环境保护总投资						52.89

表 9.5-2　　　　　林辛闸环境监测概算表

序号	工程或费用名称	数量	单价/元	合计/万元	说　明
一	水质监测			9.6	
1	生产废水	2	12000	4.8	2次/年，2个点
2	生活污水	1	12000	4.8	4次/年，1个点
二	人群健康检测	1	6000	0.6	
	合　计			10.2	

表 9.5-3　　　　　林辛闸环境保护临时措施概算表

序号	工程或费用名称	单位	数量	单价/元	合计/万元	说　明
一	废污水处理				10.00	
	施工期生活污水处理				6.20	
1	临时厕所	个	3	10000	3.00	
	隔油沉淀池	个	1	12000	1.20	
	化粪池	个	1	20000	2.00	
2	生产废水处理				3.80	
	沉淀池	个	2	12000	2.40	
	隔油沉淀池	个	1	14000	1.40	
二	扬尘控制				3.52	
	洒水水费	台时	440	80	3.52	
三	固体废物处理				1.21	
1	垃圾箱	个	5	200	0.1	
2	垃圾清运	t	13.3	175	0.23	
3	人工清扫费	月	11	800	0.88	
四	人群健康保护				0.82	

序号	工程或费用名称	单位	数量	单价/元	合计/万元	说　明
1	施工区一次性清理和消毒	m²	3386	1	0.34	进场时消毒
2	施工人员健康保护	人	14	100	0.14	进场体检20%
3	卫生防疫	m²	3386	1	0.34	
五	生态环境保护				0.13	
1	警示牌	个	4	200	0.08	
2	公告栏	个	1	500	0.05	
	合计				15.68	

表 9.5－4　　　　　　　　林辛闸环境保护独立费用概算表

编号	工程费用	单位	数量	单价/元	合计/万元	说　明
一	建设管理费				2.2	
1	环境管理经常费				1.29	
2	环境保护设施竣工验收费				0.52	
3	环境保护宣传费				0.39	
二	环境监理费	人/年	1.00	100000	10	
三	科研勘测设计咨询费				10	
1	环境影响评价费				3	
2	环境保护勘测设计费				7	
	合计				22.2	

9.6　存在问题和建议

（1）在招标设计阶段，必须将有关环境保护条款列入合同条款，明确承包商的责任和义务，为施工期环境保护工作顺利开展提供保证。

（2）由于设计阶段的制约，环境保护设计中某些不够具体的地方需随着工程设计的深入进一步细化，以便于操作实施。

10 林辛闸水土保持评价

10.1 水土流失及水土保持现状

本次项目区域内土壤侵蚀类型表现为微度水蚀。水土流失类型主要表现为：排水沟滑坡、崩塌，入河渠道两侧边坡不稳定，导致大量泥沙入河，堤防道路及部分废弃地带堆积部分废土、废渣。

根据现场踏勘和工程中占地类型分析：该工程项目为除险加固工程，其施工占地内均种植了狗牙根，闸建筑物周围上排水系统完善，水土流失轻微，水蚀侵蚀模数背景值为500t/（km² · a）。

根据中华人民共和国行业标准《土壤侵蚀分类分级标准》（SL 190—2007），本项目区位于黄河下游，属于北方土石山区土壤侵蚀类型区，土壤侵蚀允许值为200t/（km² · a）。

10.2 主体工程水土保持评价

根据《开发建设项目水土保持技术规范》（GB 50433—2008）的规定，分析工程建设特点，认为本项目符合国家相关产业政策；建设区对林草植被破坏较小，占地区无25°以上坡地；设计方案进行了必要的比选，工程土石方平衡、废渣利用达到规范要求；本工程实施无水土保持制约因素。主体工程的线路选取，占地，土石方，施工工艺以及对水土流失的影响因素均符合规范要求，确定本项目方案可行。通过本方案对主体工程水土保持措施进行补充和完善，能够有效地防止工程建设造成的水土流失、保护生态环境。

本项目所安排的防洪工程主要是新建和对原有工程的续建和加固，主体工程设计中采用的多种形式防护措施，对防止水土流失和保证边坡稳定、保障当地地域安全起到了应有的作用，其防护方案和防护工程设计均能满足水土保持要求。

从水土保持的角度来看，工程建设仍存在以下几个方面的问题：工程建设开挖土方需要临时堆放，对于临时堆土要采取临时性的水土流失防护措施，尽量减少水土流失的发生；主体工程设计中，弃渣场的临时占用耕地的设计了复耕措施，其他临时占地则没有考虑防护措施。由于弃渣场是发生水土流失的重点区域，因此本水土保持方案设计补充相应的防护措施；施工生产生活区等临时用地的地表植被和土壤结构在施工期会遭到严重的破坏，施工便道的开辟应尽量选择原有道路，临时道路施工结束后，主体工程设计中已考虑对占用的耕地采取土地复耕措施，需要增加其他临时占地的植被恢复措施。本方案将针对这些问题，设计新增水土保持措施，以满足水土保持要求。

10.3　水土流失防治责任范围

根据推荐方案主体工程设计的工程规模以及征占用土地的类型和面积，结合现场勘测调查，确定工程推荐方案水土流失防治责任范围包括项目建设区和直接影响区，共 5.56hm²。

（1）项目建设区。项目建设区包括闸建筑物加固施工扰动范围内的工程建设永久占地面积和工程施工需要新征临时占地面积，经计算项目建设区面积为 4.96hm²。

（2）直接影响区。通过分析推荐方案主体工程设计中各项工程的征占地范围及其施工工艺，结合同类工程的实地调查，计算出本方案直接影响区面积为 0.60hm²。

综合分析，工程推荐方案水土保持责任范围为 5.56hm²，其中建设区面积为 4.96hm²，直接影响区面积为 0.60hm²，见表 10.3-1。

表 10.3-1　　　　　　　　　水土流失防治责任范围表　　　　　　　　单位：hm²

占地性质	防治分区	项目建设区	直接影响区	防治责任范围
永久占地	主体工程区	0.40	0.02	0.42
临时占地	施工生产生活区	0.34	0.03	0.37
	弃渣场区	4.22	0.55	4.77
合计		4.96	0.60	5.56

10.4　水土流失预测

10.4.1　预测范围及内容

预测范围为水土流失防治责任范围中的项目建设区，包括主体工程建设区、施工生产生活区、施工道路区、土料场区和弃渣场区。

根据《开发建设项目水土保持方案技术规范》（GB 50433—2008）的规定，结合该工程项目的特点，水土流失分析预测的主要内容有：①扰动原地貌、破坏植被面积；②弃土、弃渣量；③损坏和占压水土保持设施；④可能造成的水土流失量；⑤可能造成的水土流失危害。

10.4.2　预测时段

根据本工程建设施工特点，本工程属于建设类项目，工程建设造成的水土流失主要发生在工程建设期（包括施工期和自然恢复期），因此，本方案水土流失预测时段为工程施工期和自然恢复期。

（1）施工期。施工期预测时段包括施工准备期和施工期，本次麻湾工程施工总工期为11个月。根据"水土流失预测时段以最不利的时段进行预测，施工时段超过雨季长度的按全年计算"的原则，建设期均跨越汛期，预测时段按 1 年考虑，结合黄河河口防洪工程施工总进度计划表确定各防治区施工期的预测年限。

（2）自然恢复期。工程结束后，植被恢复措施逐渐发挥作用，建设区表层土体结构的逐渐稳定，水土流失逐渐减少，经过一段时间后可达到新的稳定状态。根据项目区自然条件特点，同时结合实地调查，一般区域在项目实施 2 年后，植被逐渐恢复至原有状态。因此，确定该工程自然恢复期水土流失预测时间为 2 年。

10.4.3　预测结果

工程涉及面积大部分是耕地和林草地，工程建设因开挖、排弃等生产生活破坏了区域的原地表植被，人为因素使区内水土流失呈增加趋势，如不采取有效的防护措施，将在一定程度上加剧当地水土流失。

若不采取任何防治措施，在施工期和自然恢复期，将引起较为严重的新增水土流失。因此，水土保持工程与主体工程同时设计、同时施工、同时投产使用是十分必要。通过实施本方案设计的水土保持措施，项目区可能造成的水土流失将在很大程度上得到治理，为项目安全运行提供保障，为本地区可持续发展奠定基础。

10.5　水土流失综合防治方案

10.5.1　水土流失防治目标

本工程水土流失防治最终目标为：因地制宜地采用各类水土流失防治措施，全面控制工程建设过程中可能造成的新增水土流失，恢复和保护项目区的植被和其他水土保持设施，有效治理防治责任范围内的原有水土流失，达到地面侵蚀量显著减少，建设区生态环境得以改善，促进工程建设和生态环境协调发展。

本项目位于山东省政府划定的水土流失重点治理区，根据《开发建设项目水土流失防治标准》（GB 50434—2008）的规定，确定该项目设计水平年防治目标参照二级防治标准，见表 10.5 - 1。

表 10.5 - 1　　　　　　　　　　　水土流失防治目标表

防治标准指标	标准规定	按降水量修正	按土壤侵蚀强度修正	按地形修正	采用标准
扰动土地整治率/%	95				95
水土流失总治理度/%	85	+1			86
土壤流失控制比	0.7		1	0	1
拦渣率/%	95				95
林草植被恢复率/%	95	+1			96
林草覆盖率/%	20	+1			21

10.5.2　水土流失防治分区

（1）分区依据。水土流失防治分区主要根据项目区的地形地貌类型和水土流失现状、项目建设时序、造成水土流失的特点、主体工程布局和防治责任范围，以及当地水土保持规划等主要因素进行划分。

（2）分区原则。

1）分区内各项工程建设时序基本相同，施工工艺基本一致。

2）分区内各单项工程造成水土流失的特点基本相同。

3）分区内各单项工程的水土流失防治措施体系基本相同。

（3）分区结果。由于项目占地都是平原地形地貌，其地形地貌对水土流失的影响因素是一致的；因此不在根据项目区地形地貌特点进行分区，根据占地性质及功能划分为四个分区，即主体工程建设区、施工生产生活区、施工道路区、弃渣场区。通过对各防治分区可能造成水土流失的形式和特点分析，土料场区和弃渣场区等防治区为水土流失防治的重点区域，见表10.5-2。

表 10.5-2 水土流失防治分区及特点

防 治 分 区		区 域 特 点
永久占地	主体工程建设区	典型工程；施工过程中基础开挖和填筑时开挖面和临时堆土容易产生水蚀
临时占地	施工生产生活区	施工期生产工作繁忙，施工人员流动较大，施工活动对原地表扰动剧烈
	施工道路区	车辆碾压及人为活动频繁，路面扰动程度较大，降雨后的水蚀作用明显
	弃渣场区	临时堆土和弃渣表面容易产生风蚀和水蚀

10.5.3 水土流失分区防治措施

10.5.3.1 防治措施布置原则

根据开发建设项目水土保持分区防治的要求，结合本项目的建设特点，确定本项目水土流失分区防治措施布置遵循以下原则：

（1）强化管理、预防优先的原则。

（2）工程措施与植物措施相结合、植物措施优先的原则。

（3）主体工程互补的原则。主体设计中已考虑的水土保持内容经分析校核评价后满足水土保持要求不再重复设计；不能满足水土保持要求的，进行补充设计或重新设计。

（4）因地制宜、因害设防、综合防治的原则。按照防治分区水土流失特征，因地制宜、科学合理地布置各项防治措施。

（5）临时占地与土地高效利用相结合的原则。对临时占地进行土地复垦，恢复土地功能。

（6）水土保持措施要体现在工程施工建设的全过程之中，并做好临时防护工作。

10.5.3.2 防治措施体系

本工程根据国家水土保持有关法规和技术规范，本着"预防为主，全面规划，综合防治注重效益"的方针，充分考虑项目建设的影响，结合区域自然地理条件和水土流失特点进行了科学合理的水土流失防治措施体系布设，见图10.5-1。

10.5.3.3 水土保持防治措施典型设计

（1）主体工程区。

1）工程措施。主体工程设计布置的工程措施有：为了防止雨水对坝垛的冲刷造成新的水土流失，在闸体边坡布置现浇混凝土矩形排水沟。主体工程设计的工程措施满足水土保持要求。

2）植物措施。主体工程设计布置的植物措施有：主体设计在闸体建筑物周围的空

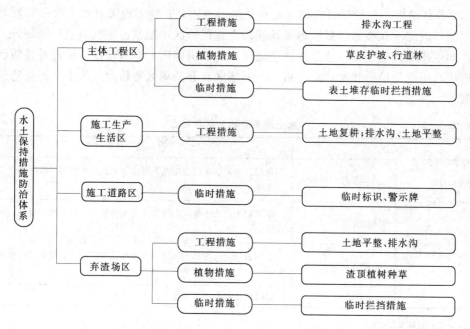

图 10.5 - 1　水土保持措施防治体系图

闲地种植了麦冬草 2625m²，种植松树 263 株。主体工程设计的植物措施满足水土保持要求。

3）临时措施。对临时堆存坝体拆除的土石方和开挖表土布置临时拦挡措施，拦挡措施采用编织土袋拦挡。

（2）施工生产生活区。主体工程设计布置的工程措施有：对占用的耕地进行土地复耕措施，在施工过程中洒水防尘措施。新增措施为了排放场地区域内的生产生活污水和场地雨水，在场地周围修建梯形土排水沟；施工结束后，设置土地平整措施，以便后续的土地复耕措施的实施。

（3）施工道路区。

1）工程措施。主体工程设计布置的工程措施有：施工临时道路，在选线是应尽量避开已治理的水土保持区，施工道路均修建在平坦的耕地上，工程结束后对施工道路占地进行土地复耕。本方案新增措施为土地平整措施。

2）临时措施。施工道路区主要是工程料场至各项工程间的临时施工道路区域，道路上行驶的车辆为重型汽车，根据以往施工经验，车辆在运输过程中常常超出临时道路范围行驶，造成新的生态破坏，因此本方案在临时道路区设计临时标识或警示标志。

（4）弃渣场区。根据主体施工设计安排，工程所弃土方全部堆放在堤防背河侧的护堤地里，堆渣高 1m，宽 20m，长 2212m。在主体工程设计中对弃渣场区没有采取任何水土保持措施，因此本方案根据水土保持要求布置水土保持防护措施。

1）工程措施。弃渣场排水措施该工程的所有的弃渣场均布置在防洪大堤堤脚处，为了防止大堤排水沟汇流的水流对弃渣场的冲刷而造成水土流失，在大堤与弃渣场顶部交界处布置纵向排水沟，与大堤的横向排水沟相连。同时在弃渣顶部布置横向排水沟，每条排水沟间隔宽度与大堤横向排水沟一致为 100m。纵横向排水沟均大堤排水沟一致采用梯形 C20 混凝土现浇排水沟。

弃渣场顶面整治。在弃渣场堆置达到设计标高后，为了充分利用土地资源，恢复和改善土地生产力，对渣顶采取平整措施。

2）植物措施。弃渣场堆土结束后在渣顶和边坡均进行植物种草绿化措施。渣场边坡采取种草护坡，渣顶采取植树及树下种草措施绿化。

3）临时措施。由于本工程所有的弃渣场位置均布置在防洪大堤的边坡坡脚处平地内，堆渣高度在 1.0～1.3m 之间，弃渣场的边坡与大堤边坡一致为 1∶3，施工结束后的边坡是满足稳定要求的，因此不需要布置永久的拦挡措施。为了防止在弃渣过程中弃渣散落到弃渣场以外的区域，为了落实水土保持先挡后弃的原则，在弃渣场的外侧布置临时拦挡措施，拦挡措施采取修建梯形挡土土埝。

经计算推荐方案水土保持措施有排水沟开挖土方 326.48m³，土地平整 4.72hm²，挡水土埝填筑土方 852.75m³，编织袋土方填筑 76.00m³，种草 21456.7m²，植树 5364 株，临时警示牌 10 个（见表 10.5－3）。

表 10.5－3   新增水土保持措施工程量汇总表

防治工程区	工程措施			植物措施		临时措施		
	排水沟		土地平整 /hm²	种草 /m²	种树 /株	挡水土埝填筑土方 /m³	编织袋土方 /m³	临时警示牌 /个
	排水沟土方开挖 /m³	C20 混凝土						
主体工程区							76	
施工道路区			0					10.00
生产生活区	101.14		0.49					
弃渣场区	225.34	102.21	4.22	21456.70	5364	852.75		
合计	326.48	102.21	4.72	21456.70	5364.00	852.75	76.00	10.00

10.5.4 水土保持工程实施进度安排

根据水土保持"三同时"制度，规划的各项防治措施应与主体工程同时进行，在不影响主体工程建设的基础上，尽可能早施工、早治理，减少项目建设期的水土流失量，以最大限度地防治水土流失。本项目水土保持工程施工主要遵循以下原则：①按照"三同时"原则，坚持预防为主，及时防治，实施进度和位置与主体工程协调一致；②永久性占地区工程措施坚持"先防护后施工"原则，及时控制施工过程中的水土流失；③工程弃渣场坚持"先防护，后堆放"及"防护并行"的原则；④临时占地区使用完毕后需及时拆除并进行场地清理整治的原则；⑤植物措施根据工程进度及时实施的原则。

根据主体工程施工组织安排，本次近期防洪工程施工总工期 3 年。参照主体工程施工进度及各项水保措施的工程量，安排本方案工程实施进度：工程措施和临时措施与主体工程同步实施；植物措施须根据植物的生物学特性，选择适宜季节实施，滞后于主体工程。

全部水土保持工程均在第 3 年底前完工。

10.6　水土保持监测

水土保持监测是通过监测，及时掌握工程建设过程中的水土流失，并通过主管部门监督和工程监理及时加以控制，使工程造成的水土流失降低到最低程度。

10.6.1　监测内容

监测内容包括影响水土流失的主要因子监测；水土流失现状和灾害监测和水土保持工程效益监测。

10.6.2　监测方法

以地面观测（收集主体工程监测资料）和调查监测为主，并辅以场地巡查。

10.6.3　监测时段

本工程为建设类项目，监测时段包括工程建设期和运行初期，其中工程建设期为 11 个月，运行初期为工程完工后 1 年。

10.6.4　重点监测地段和重点项目

结合本工程实际，监测的重点地段为河道整治工程土坝基填筑的边坡、取土场开挖边坡。监测的重点项目为：①建设项目占用地面积和扰动地表面积；②项目挖方和填方的数量及面积，料场规模及占地面积；③土壤侵蚀面积、侵蚀量、侵蚀程度变化情况；④防治措施的数量、质量及保土效果，防护工程的稳定性、完好程度和运行情况。

10.6.5　监测时段和监测频率

监测时段从施工准备期开始，至设计水平年结束。在施工准备前先进行一次观测（背景值监测），作为工程项目开始后水土流失的对比参照数据。

监测频率：施工期扰动地表面积和损坏水土保持设施监测主要在施工前和完工后，水蚀在 4~8 月每月监测一次，1~3 月至少监测 1 次，9~12 月监测 2 次，在日降雨量大于 25mm（大雨）时加测。各项水土保持措施质量、数量和保土效果在施工结束后监测，植物措施成活率在造林后第 1 年 4 月（发芽后）监测 1 次，植物措施保存率在造林后第 3 年 4 月（发芽后）监测 1 次，生长情况在每年 4 月（发芽后）监测 1 次。

10.6.6　监测点位布设

根据监测点布设原则，本方案初步选定四处设 4 个监测点。主体工程设置 1 个监测点，临时工程设置 1 个监测点，弃渣场选设置 1 个监测点，施工道路设置 1 个监测点。

10.7　投资估算与效益分析

10.7.1　投资估算

10.7.1.1　编制原则

设计概算按照现行部委颁布的有关水利工程概算的编制办法、费用构成及计算标准，并结合工程建设的实际情况进行编制。主要材料价格及建筑工程单价与主体工程一致，水土保持补偿费按照山东省相关规定计算，价格水平年与主体工程一致。人工费按六类地区计算。另外水土保持工程措施中的土石方工程量根据黄河水利委员会建管〔2005〕55 号文颁布的《预算定额》乘以 1.03 的扩大系数。

10.7.1.2 编制依据

主要编制依据有：

（1）《开发建设项目水土保持工程概（估）算编制规定》（水利部水总〔2003〕67号）。

（2）《开发建设项目水土保持工程概算定额》（水利部水总〔2003〕67号）。

（3）《关于开发建设项目水土保持咨询服务费用计列的指导意见》（水保监〔2005〕22号）。

（4）《工程勘察设计收费管理规定》（国家计委、建设部计价格〔2002〕10号）。

（5）《建设工程监理与相关服务收费管理规定》（发改办价格〔2007〕670号）。

（6）《国家计委关于加强对基本建设大中型项目概算中"价格预备费"管理有关问题的通知》（国家发计委 计投资〔1999〕1340号）。

（7）《国家计委收费管理司、财政部综合与改革司关于水利建设工程质量监督收费标准及有关问题的复函》（计司收费函〔1996〕2号）。

（8）《山东省水土保持设施补偿费、水土流失防治费收取标准和使用管理暂行办法》（鲁价涉发〔1995〕112号）。

10.7.1.3 基础资料

（1）人工费。根据《开发建设项目水土保持工程概（估）算编制规定》，六类地区工资标准计算，人工预算单价中工程措施取21.26元/工日，植物措施取17.83元/工日。

（2）材料费。工程措施和临时措施的主要及次要材料采用主体工程的材料预算单价；植物措施的材料单价＝当地市场价格＋运杂费＋采购保管费，其中采购保管费按材料运到工地价格的2%计算。

（3）施工用风、水、电价格。施工用电、水按照主体工程标准计取，电1.26元/(kW·h)，水0.5元/m³。施工用风价格按照0.12元/m³计算。

（4）施工机械使用费。按照《开发建设项目水土保持工程概算定额》中附录一"施工机械台时费定额"计算，其他材料预算价格与主体工程中的预算价格相同。

10.7.1.4 费用构成

根据《开发建设项目水土保持工程概（估）算编制规定》和《关于开发建设项目水土保持咨询服务费用计列的指导意见》，水土保持方案投资估算费用构成为：①工程费（工程措施、植物措施、临时工程）；②独立费用（建设管理费、工程监理费、水土保持方案编制费、水土保持监测费、水土保持竣工验收费、质量监督费）；③基本预备费；④水土保持设施补偿费组成。

（1）工程措施及植物措施工程费。水土保持工程措施和植物措施工程单价由直接工程费、间接费、企业利润和税金组成。工程单位各项的计算或取费标准如下：

1）直接费：按照《开发建设项目水土保持工程概算定额》计算，其中人工工资按照当地所处的地区类别的标准工资加上其他工资性津贴计算；建筑材料价格按当地市场价格计算。

2）其他直接费率：工程措施取直接费的2%，植物措施取直接费的1%。

3）现场经费费率见表10.7-1。

表 10.7 - 1

表 10.7 - 1   **现 场 经 费 费 率 表**

序　号	工程类别	计算基础	现场经费费率/%
1	土石方工程	直接费	5
2	混凝土工程	直接费	6
3	植物及其他工程	直接费	4

4）间接费费率见表 10.7 - 2。

表 10.7 - 2   **间 接 费 费 率 表**

序　号	工程类别	计算基础	间接费费率/%
1	土石方工程	直接工程费	5
2	混凝土工程	直接工程费	4
3	植物及其他工程	直接工程费	3

5）计划利润。工程措施按直接工程费与间接费之和的 7％ 计算，植物措施按直接工程费与间接费之和的 5％ 计算。

6）税金。税金按直接工程费、间接费、计划利润之和的 3.22％ 计算。

（2）临时工程费。本方案设计的临时工程按工程投资计列，其他临时工程费按"第一部分工程措施"与"第二部分植物措施"投资之和的 2.0％ 计算。

（3）独立费用。独立费用包括建设管理费、工程监理费、水土保持方案编制费、水土保持监测费、水土保持竣工验收费。

1）建设管理费。按工程措施投资、植物措施投资和临时工程投资三部分之和的 2.0％ 计算。

2）工程监理费。工程监理费按照《建设工程监理与相关服务收费管理规定》（发改办价格〔2007〕670 号）。

3）勘测设计费。参照《工程勘察设计收费管理规定》（国家计委、建设部计价格〔2002〕10 号），推荐方案水保初步设计及施工图设计章节编制费为 7.52 万元。

4）水土保持监测费。水土保持监测费参照《关于开发建设项目水土保持咨询服务费用计列的指导意见》（水保监〔2005〕22 号），推荐方案水土保持监测费为 3 万元。

5）水土保持竣工验收费。参照《关于开发建设项目水土保持咨询服务费用计列的指导意见》（水保监〔2005〕22 号），推荐方案水土保持设施竣工验收技术评估报告编制费取 5 万元。

（4）基本预备费。按第一至第四部分之和的 3％ 计算。

（5）水土保持设施补偿费。根据《中华人民共和国水土保持法》、《山东省水土保持设施补偿费、水土流失防治费收取标准和使用管理暂行办法》，通过征求当地水行政部门意见，确定水土保持补偿费按损坏林草面积计算，采用 1 元/m³ 的标准收取。

10.7.1.5　估算结果

水土保持设计投资 32.47 万元。其中，工程措施投资 5.44 万元，植物措施投资 6.93万元，临时工程投资 2.27 万元，独立费用 16.88 万元，基本预备费 0.95 万元。新增水土保持投资估算见表10.7-3。

表 10.7-3　　　　推荐方案新增水土保持投资估算表　　　　单位：万元

序号	工程或费用名称	建安工程费	林草工程费		独立费用	合计
			栽植费	林草种子费		
	第一部分　水土保持工程措施	5.44				5.44
（一）	取土场区					
（二）	施工道路防治区					
（三）	生产生活区	0.19				0.19
（四）	弃渣场区	5.25				5.25
	第二部分　水土保持植物措施		1.61	5.33		6.93
	弃渣场区		1.61	5.33		6.93
	第三部分　施工临时工程	2.27				2.27
（一）	主体工程区	0.66				0.66
（二）	取土场区					
（三）	弃渣场	1.37				1.37
（四）	施工道路区	0.05				0.05
（五）	其他临时工程	0.19				0.19
	第一至第三部分合计					14.64
	第四部分　独立费用				16.88	16.88
（一）	建设管理费				0.29	0.29
（二）	工程建设监理费				1.91	1.91
（三）	科研勘测设计费				6.67	6.67
（四）	水土流失监测费				3.00	3.00
（五）	工程质量监督费				0.01	0.01
（六）	水土保持设施验收评估报告编制费				5.00	5.00
	第一至第四部分合计	7.71	1.61	5.33	16.88	31.53
	基本预备费					0.95
	水土流失补偿费					
	总投资					32.47

10.7.2　效益分析

　　水土保持各项措施的实施，可以预防或治理开发建设项目因工程建设造成的水土流失，这对于改善当地生态经济环境，保障下游水利工程安全运营都具有极其重要的意义。水土保持各项措施实施后的效益，主要表现为生态效益、社会效益和经济效益。

10.8　实施保障措施

　　为贯彻《中华人民共和国水土保持法》、《中华人民共和国水土保持法实施条例》和国家计委、水利部、国家环境保护局发布的《开发建设项目水土保持方案管理办法》，确保水土保持方案的顺利实施，在方案实施过程中，建设单位应切实做好招投标工作，落实工程的设计、施工、监理、监测，要求各项工作任务的承担单位具有相应的专业资质，尤其注意在合同中明确施工责任，并依法成立方案实施的组织领导单位，狠抓落实，联合水行政主管部门做好水土保持工程的验收工作。

10.9　结论及建议

本工程在建设施工过程中会造成一定程度的水土流失，需要进行水土保方案设计。通过实施本水土保持方案设计的措施，可降低项目建设期水土流失程度，减轻水土流失对土地生产力的破坏，提高土地生产率，使环境与经济发展走上良性循环，提高环境容量，对促进生态环境建设，改善当地投资环境，加快工程建设和发展地方经济具有重要的意义。

本工程项目建设区域生态环境脆弱，为使本水土保持方案中的各项水土流失防治措施落实到实处，有效控制新增水土流失，避免工程建设可能带来的水土流失影响。建议建设单位配合设计单位和施工单位，根据下阶段的施工组织措施设计，进一步细化工程中已有的水土保持措施，并落实本方案提出的水土保持措施。在进行施工单位、管理单位招标时，应根据本水保方案，在标书中明确提出施工过程中的水土流失防治要求。

11 林辛闸工程管理设计

11.1 管理机构

按照国务院、水利部及黄河水利委员会对基层单位"管养分离"改革的总体部署，建立职能清晰，权责明确的黄河工程管理体系。除险加固工程完工后，由山东黄河河务局下设的东平湖管理局负责管理，并制定管理标准、办法和制度；具体工程、设施的维修、养护、运行操作、观测、巡查、管护等业务由专门的维修养护队伍承担。

林辛闸管理所编制人数 8 人，其中事业编制 5 人，养护编制 3 人。工程竣工后交原管理单位管理，不另增设机构。

11.2 工程管理范围及保护范围

由于工程为除险加固，没有加大原闸的范围，所以管理及保护范围可维持原闸不变。

工程管理范围以内的土地及其上附属物归管理单位直接管理和使用，其他单位和个人不得擅入或侵占。

11.3 工程观测

（1）应经常对建筑物各部位、闸门、启闭机、机电设备、通信设施、管理范围内的河道、水流形态进行检查。每月一次，遇不利情况，应对易发生问题部位加强检查观测。

（2）每年汛前、汛后或引水期前后应对水闸部位及各项设施进行全面检查。

（3）当水闸遇强烈地震和发生重大工程事故时，必须及时对工程进行特别检查。

（4）砌石部位应检查有无塌陷、松动、隆起、底部淘空、垫层散失；排水设施有无堵塞、损坏。

（5）混凝土建筑物有无裂缝、腐蚀、剥蚀、露筋及钢筋锈蚀；伸缩缝有无损坏、漏水及填筑物流失等。

（6）水下工程有无破坏；消力池、门槽内有无砂石堆积；预埋件有无损坏；上下游引河有无淤积、冲刷。

（7）闸门表面涂层剥落情况、门体变形、锈蚀、焊缝开裂或螺栓、铆钉松动；支撑行走机构是否运转灵活。

（8）启闭机运转情况，机电设备运转情况。

（9）应对水位、流量、沉降、水流形态等进行观测。在发生特殊变化时进行必要的专门观测。

（10）应按有关规定对水闸进行养护、岁修、抢修和大修。

11.4　主要管理设施

（1）交通。按照工程防洪抢险要求，布置工程防汛交通道路。

（2）通信。本阶段应在充分利用原有通讯系统的基础上，完善系统功能，达到以下设计要求：

1）内部专用通信网应具备数据、图像的传输功能，并接入黄河水利委员会及水利部门水情自动测报系统。

2）通信设备的电源必须稳定可靠，电源采用双回路交流供电方式，并配置柴油发电机组备用电源，油料的储存量应满足 2～3d，每天运行 12h 的使用要求。

3）通信设施的布置应满足相应规范要求。

（3）管理房。进湖闸现有房屋由于建设年代久，房屋现状存在着基础下沉不均匀，墙体部分倾斜、裂缝，屋盖部分塌陷、透空等情况，经安全鉴定全部属房屋危险等级 D 级，处理建议为全部拆除重建。

进湖闸管理所生产、生活区各类设施用房的建筑面积，按照《堤防工程管理设计规范》（SL 171—96）和《水闸工程管理设计规范》（SL 170—96）对生产生活区建设规定，建设规模为：

1）办公管理用房：$12×8＝96m^2$；

2）食堂餐厅及文化福利设施：$5×8＝40m^2$；

3）职工宿舍：按两人 1 间，每间约 $20m^2$ 计，宿舍面积共计 $80m^2$。

进湖闸管理所位于国十堤 337＋571 处，背河侧，重建房屋由石洼闸统一考虑。

12 林辛闸节能设计

12.1 工程概况

林辛闸址位于东平县戴庙乡林辛村，主要作用是当黄河发生大洪水时，通过石洼、林辛、十里堡等分洪闸分水入老湖，控制艾山下泄流量不超过 10000m³/s，确保下游防洪安全。

林辛闸修建于 1968 年，为桩基开敞式水闸，全闸共 15 孔，孔宽 6m，高 5.5m，全闸总宽 106.2m。2009 年 4 月 26 日，黄河水利委员会在泰安组织召开了山东东平湖林辛分洪闸安全鉴定会议，鉴定结果是该闸评定为三类闸，需要进行除险加固。

除险加固工程为：

(1) 闸室混凝土表面缺陷修复。

(2) 海漫长度需要加长 25m。

(3) 地基加固工程。

(4) 交通桥拆除重建。

(5) 启闭房拆除重建工程。

(6) 桥头堡重建工程等。

12.2 设计依据和设计原则

12.2.1 设计依据

(1)《中华人民共和国节约能源法》。

(2)《工程设计节能技术暂行规定》（GBJ 6—1985）。

(3)《电工行业节能设计技术规定》（JBJ 15—1988）。

(4)《公共建筑节能设计标准》（GB 50189—2005）。

(5)《中国节能技术政策大纲》2006 修订，国家发展和改革委员会、科技部联合发布。

(6)《国家发展改革委关于加强固定资产投资项目节能评估和审查工作的通知》（发改投资〔2006〕2787 号）。

(7)《国家发展改革委关于印发固定资产投资项目节能评估和审查指南（2006）的通知》（国家发展和改革委员会文件：发改环资〔2007〕21 号）。

12.2.2 设计原则

节能是我国发展经济的一项长远战略方针。根据法律法规的要求，依据国家和行业有关节能的标准和规范合理设计，起到节约能源，提高能源利用率，促进国民经济向节能型发展的作用。

水利水电工程节能设计，必须遵循国家的有关方针、政策，并应结合工程的具体情况，积极采用先进的技术措施和设施，做到安全可靠、经济合理、节能环保。

工程设计中选用的设备和材料均应符合国家颁布实施的有关法规和节能标准的规定。

12.3 工程节能设计

12.3.1 工程总布置及建筑物设计

本次除险加固总体布置为闸墩混凝土表面缺陷混凝土修复，启闭机房拆除重建，公路桥拆除重建，以及消能防冲设施加固。在加固方案设计时，均进行了方案比选，力求做到结构尺寸合理，减小工程量和投资，降低能源消耗。

启闭机房和公路桥，均考虑了施工作业时能达到工厂化和机械化程序高，商品化程度高的设计方案。启闭机房采用轻钢房屋，节能环保，并可循环利用；公路桥采用标准化装配式结构，制作与安装施工效率高，耗能低。

海漫与防冲槽的布置型式和尺寸，直接影响到工程规模和投资。在方案设计时，从节省工程量、减小占地、节约能耗的角度出发。通过对海漫长短、防冲槽大小的尺寸比较和类似工程经验比选，最终论证了防冲设施的安全性，确定了不再加固的方案，有利于节省工程能源消耗方案。

12.3.2 金属结构设计

在金属结构设备运行过程中，操作闸门的启闭设备消耗了大量的电能，降低启闭机的负荷，就能减少启闭机的功电能消耗，实现节能。

闸门启闭力的大小与闸门重量、闸门的支撑和止水的摩阻力有关。因此，在闸门设计中选用摩擦系数较小的自润滑复合材料作为主轮的轴承的材质；闸门的止水采用摩擦系数小、耐磨性强的橡塑复合材料。这些设计和新材料的选用降低了闸门的启闭力，从而减少了启闭机的容量，在保证设备安全运行的情况下减少电能消耗。

12.3.3 电气设备设计

采用高效设备，合理选择和优化电气设备布置，以降低能耗；尽量使电气设备处于经济运行状态；灯具选用高效节能灯具并选用低损耗镇流器。

12.3.4 施工组织设计

（1）施工场地布置方案。在进行分区布置时，分析各施工企业及施工项目的能耗中心位置，尽量使为施工项目服务的设施距能耗（负荷）中心最近，工程总能耗最低。

规划的施工变电所位置尽量缩短与混凝土施工工厂、水厂等的距离，以减少线路损耗，节省能耗。

（2）施工辅助生产系统及其施工工厂设计。施工辅助生产系统的耗能主要是砂石料加工系统、混凝土拌和系统、供风、供水等。在进行上述系统的设计中，采取了以下的节能降耗措施：

1）供风系统。尽量集中布置，并靠近施工用风工作面，以减少损耗。

2）供水系统。在工程项目实施时，为节约能源，应根据现场情况，砂石料生产系统单独供水，其余施工生产和生活用水采用集中供水。

3）混凝土加工系统。在胶凝材料的输送工艺选择上，采用气力输送工艺比机械输送工艺能有效地降低能耗。混凝土生产系统的主要能耗设备为拌和机、空压机。在设备选型上，选择效率高能耗相对较低的设备。

（3）施工交通运输。由于工程对外交通便利，场内外交通运输均为公路运输，结合施工总布置进行统筹规划，详细分析货流方向、货运特性、运输量和运输强度等，拟定技术标准，进行场内交通线路的规划和布置，做到总体最优，减少运输能耗。

（4）施工营地、建设管理营地建筑设计。按照建筑用途和所处气候、区域的不同，做好建筑、采暖、通风、空调及采光照明系统的节能设计。所有大型公共建筑内，除特殊用途外，夏季室内空调温度设置不低于26℃，冬季室内空调温度设置不高于20℃。

建筑物结合地形布置，房间尽可能采用自然采光、通风；外墙采用厚240mm空心水泥砌块；窗户采用塑钢系列型材，双层中空保温隔热效果好；面采用防水保温屋面。

采用节能型照明灯具，公共楼梯、走道等部位照明灯具采用声光控制。

12.4 工程节能措施

12.4.1 设计与运行节能措施

（1）变压器选用低损耗产品。

（2）合理选用导线材料和截面，降低线损率。

（3）主要照明场所应做到灯具分组控制，以使工作人员可根据不同需要调整照度。不需要照明的时候应随时关掉电源，以达到全区节能运行。

12.4.2 施工期节能措施

（1）主要施工设备选型及配套。为保证施工质量及施工进度，工程施工时以施工机械化作业为主，因此施工机械的选择是提高施工效率及节能降耗的工作重点。工程在施工机械设备选型及配套设计时，按各单项工程工作面、施工强度、施工方法进行设备配套选择，使各类设备均能充分发挥效率，降低施工期能耗。

（2）施工技术及工艺。推广节能技术，推广应用新技术、新工艺、利用科技进步促进节能降耗。

12.5 综合评价

12.5.1 分析

在工程施工期，对于土石方工程施工工艺与设备、交通运输路线与设备和砂石加工及混凝土生产系统布置与设备选型需进行细致研究，以便节省施工期能耗。

工程运行期通过合理选择运行设备，加强运行管理和检修维护管理，合理选择运行方案，加强节能宣传，最大限度降低运行期能耗。

12.5.2 建议

工程建设期间，以"创建节约型社会"为指导，树立全员节能观念，加大节能宣传力度，提高各参建单位的节能降耗意识，培养自觉节能的习惯。

工程运行期，合理组织，协调运行，加强运行管理和检修管理，优化检修机制，节约能源。

13 林辛闸施工组织设计

13.1 施工条件

13.1.1 工程条件

（1）工程位置、场地条件、对外交通条件。林辛闸址位于东平县戴庙乡林辛村，桩号为临黄堤右岸 338＋886～339＋020。主要作用为配合十里堡进湖闸，分水入老湖。

水闸处黄河大堤堤顶为沥青路面，并有多条城乡公路穿堤而过，对外交通条件便利，机械设备及人员进场运输方便。

（2）天然建筑材料和当地资源。本次建设项目建筑材料主要为石料。多年黄河治理和抢险加固工程，形成了较为固定的石料场，本工程所需石料部分利用拆除旧石，不足部分采用旧县石料场的石料，能够满足工程建设需要。

工程所用其他材料，如水泥、砂石料、钢材、油料等均可就近从东平县城采购。

（3）施工场地供水、供电条件。根据黄河防洪工程建设经验，工程施工水源可直接从河槽中取用。黄河水引用方便，只是含沙量大，需经沉淀澄清之后使用。其他生活用水结合当地饮水方式或自行打井解决。

由于工程为原闸的改建，原闸已有供电线路，工程施工采用原线路供电方式。

（4）工程组成和工程量。本次设计水闸工程由交通桥段、闸室段、消力池段及海漫段组成。水闸主要工程量见表 13.1-1。

表 13.1-1　　　　　　　　　　　水闸主要工程量表

序　号	工　程　项　目	单　　位	工　程　量
一	土方		
	清淤	m³	30393
二	混凝土		
1	启闭机混凝土	m³	177
2	交通桥混凝土	m³	1601
3	钢筋	t	170.83

13.1.2 自然条件

根据 1961～1990 年资料统计，该地区多年平均降雨量为 619.3mm。工区多年平均气温 14℃，最高气温 42.9℃，最低气温 -16.0℃。最大风速达 15m/s，最大风速的风向为西北偏西风。

13.2 施工导流及度汛

根据《水闸设计规范》(SL 265—2001)的规定，平原区水闸枢纽工程应根据最大过闸流量及其防护对象的重要性划分等别；水闸枢纽中的水工建筑物应根据其所属枢纽工程等别、作用和重要性划分级别，且位于防洪堤上的水闸，其级别不得低于防洪堤的级别。林辛分洪闸位于黄河大堤上，设计分洪流量 $1500m^3/s$，最大分洪流量 $1800m^3/s$。按照上述规定，其工程等别为 II 等，主要建筑物级别为 1 级。

林辛分洪闸主要建筑物级别为 1 级，根据《水利水电工程施工组织设计规范》(SL 303—2004)的规定，导流建筑物级别为 IV 级，但考虑到工程仅对林辛闸进行除险加固，故导流建筑物级别降为 V 级。林辛分洪闸枯水期施工流量 $2440m^3/s$，相应水位 44.90m。

工程施工考虑在一个枯水期完工，黄河枯水期水流一般不出槽上滩，由于本次设计只是对闸的启闭机、交通桥进行加固设计，并且闸前已修建有围堤，已建围堤高程 49.80m，施工临建设施和营地均设置在背河侧或临河高滩，也不受洪水影响，故不涉及施工导流及度汛问题。

13.3 主体工程施工

13.3.1 施工程序

施工程序：基坑排水→清淤→老闸拆除→闸混凝土浇筑→闸门启闭机安装。

13.3.2 原闸拆除

原闸拆除工程主要包括：启闭机机架桥和公路桥混凝土拆除。

启闭机房和桥头堡、公路桥混凝土桥面拆除先用风镐破碎，再采用 $1m^3$ 反铲拆除，人工辅助，10t 自卸车运输，运往弃渣场，运距约 5.9km。

启闭机机架桥大梁、公路桥桥板拆除先用风镐破碎，再采用 QY25 汽车吊装车，人工辅助，10t 自卸车运输，运往弃渣场，运距约 5.9km。

13.3.3 清淤

清淤采用 $1m^3$ 挖掘机开挖，10t 自卸车运输，运至堤防背河侧，运距 2.6km。

13.3.4 混凝土浇筑

混凝土浇筑包括机架桥排架、公路桥、混凝土预制构件浇筑等。钢筋及模板的制作材料质量要求，制作、安装允许偏差必须按《水闸施工规范》(SL 27—91)的规定执行，钢筋及模板加工均以机械为主，人工立模和绑扎钢筋。

混凝土浇筑分联间隔穿插进行，混凝土采用 $0.4m^3$ 拌和机拌和，水平运输采用人力推斗车运输至仓面，垂直运输采用吊斗配合卷扬机运输至仓面。垫层浇筑采用人工摊平，平板振捣器振捣密实，其他部位混凝土浇筑均采用 2.2kW 振捣器人工振捣密实。底板浇筑振捣完成后混凝土表面人工找平、压光。

(1) 预制构件安装，本工程混凝土预制构件工程主要包括公路桥板、机架桥大梁等构件，所有预制件均采用 QY20 型汽车起重机吊装。

(2) 预制构件移运应符合下列规定：

1) 构件移运时的混凝土强度，如设计无特别要求时，不应低于设计标号的 70%。

2）构件的移运方法和支承位置，应符合构件的受力情况，防止损伤。

（3）预制构件堆放应符合下列要求：

1）堆放场地应平整夯实，并有排水措施。

2）构件应按吊装顺序，以刚度较大的方向稳定放置。

3）重叠堆放的构件，标志应向外，堆垛高度应按构件强度、地面承载力、垫木强度和堆垛的稳定性确定，各层垫木的位置，应在同一垂直线上。

（4）预制构件起吊应符合下列规定：

1）吊装前，对吊装设备、工具的承载能力等应作系统检查，对预制构件应进行外形复查。

2）预制构件安装前，应标明构件的中心线，其支承结构上也应校测和标划中心线及高程。

3）构件应按标明的吊点位置和吊环起吊。

4）如起吊方法与设计要求的不同时，应复核构件在起吊过程中产生的内力。

5）起吊绳索与构件水平面的夹角不宜小于 45°，如小于 45°，应对构件进行验算。

13.3.5 钢闸门制作及安装

闸门、启闭机安装应统一考虑，如条件允许，应先安装启闭机后装闸门，以利于闸门安装。闸门安装包括埋件埋设和闸门安装，启闭机的安装应在其承载机架桥完工并达到设计强度后进行。

（1）基本要求。

1）钢闸门制安要由专业生产厂家进行，要求在工厂内制作，由生产厂家在工地进行拼装并经初步验收合格后，进行安装。

2）钢闸门制安材料、标准、质量要符合设计图纸和文件，如需变更，必须经设计监理和建设单位认可。

3）钢闸门制安必须按《水利水电工程钢闸门制造安装及验收规范》（DL/T 5018—2004）进行。

（2）钢闸门制作、组装精度要求。

1）钢闸门制作、组装，其公差和偏差应符合 DL/T 5018—2004 规定。

2）滑道所用钢铸复合材料物理机械性能和技术性能，应符合设计文件要求，滑动支撑夹槽底面和门叶表面的间隙应符合 DL/T 5018—2004 规定。

3）滑道支撑组装时，应以止水底座面为基准面进行调整，所有滑道应在同一平面内，其平面度允许公差，应不大于 2.0mm。

4）滑道支撑与止水座基准面的平行度允许公差应不大于 1mm。

5）滑道支撑跨度的允许偏差不大于 ±2.0mm，同侧滑道的中心线偏差不应大于 2.0mm。

6）在同一横断面上，滑动支撑的工作面与止水座面的距离允许偏差不大于 ±1.5mm。

7）闸门吊耳的纵横中心线的距离允许偏差为 ±2.0mm，吊耳、吊杆的轴孔应各自保持同心，其倾斜度不应大于 1/1000。

8）闸门的整体组装精度除符合以上规定外，且其组合处的错位应不大于 2.0mm。其他件与止水橡皮的组装应以滑块所确定的平面和中心为基准进行调整和检查，其误差除符合以上规定外，且其组合处的错位应不大于 1.0mm。

（3）钢闸门埋件安装要求。

1）植入在一期混凝土中的埋体，应按设计图纸制造。土建施工单位在混凝土开仓浇筑之前应通知安装单位对预埋件的位置进行检查和核对。

2）二期混凝土在施工前，应进行清仓、凿毛，二期混凝土的断面尺寸及预埋件的位置应符合设计图要求。

3）闸门预埋件安装的允许公差和偏差应 DL/T 5018—2004 的规定，主轨承压面接头处的错位应不大于 0.2mm，并应作缓坡处理。两侧主轨承压面应在同一平面内，其平面度允许公差应 DL/T 5018—2004 的规定。

（4）钢闸门安装要求。

1）闸门整体组装前后，应对各组件和整体尺寸进行复查，并要符合设计和 DL/T 5018—2004 的规定。

2）止水橡皮的物理机械性能应符合 DL/T 5018—2004 附录 J 中的有关规定，其表面平滑、厚度允许偏差为 ±1.0mm，其余尺寸允许偏差为设计尺寸的 2%。

3）止水橡皮螺孔位置应与门叶或压板上的螺孔位置一致，孔径应比螺栓直径小 1.0mm，并严禁烫孔，当均匀拧紧后其端部应低于橡皮自由表面 8mm。

4）橡皮止水应采取生胶热压的方法胶合，接头处不得有错位、凹凸不平和疏松现象。

5）止水橡皮安装后，两侧止水中心距和顶止水中心至底止水底缘距离的允许偏差为 ±3.0mm，止水表面的平面度为 2.0mm。闸门工作时，止水橡皮的压缩量其允许偏差为 +2.0～−1.0mm。

6）平面钢闸门应作静平衡试验，试验方法为：将闸门吊离地面 100mm，通过滑道中心测量上、下游与左右向的倾斜，要求倾斜不超过门高的 1/1000，且不大于 8mm。

13.3.6 机电设备及金属结构工程施工

启闭机及配电设备安装采用机械吊运、辅以人工定位安装的方法施工。要求定位准确、安装牢固，电气接线正确，保证安全可靠。

启闭机安装技术要求：

（1）启闭机安装，应以闸门起吊中心为基准，纵、横向中心偏差应小于 3mm；水平偏差应小于 0.5/1000；高程偏差宜小于 5mm。

（2）启闭机安装时应全面检查。开式齿轮、轴承等转动处的油污、铁削、灰尘应清洗干净，并加注新油；减速箱应按产品说明书的要求，加油至规定油位。

（3）启闭机定位后，机架底脚螺栓应即浇灌混凝土，机座与混凝土之间应用水泥砂浆填实。

电器设备安装技术要求：

（1）电器线路的埋件及管道敷设，应配合土建工程及时进行。

（2）接地装置的材料，应选用钢材。在有腐蚀性的土壤中，应用镀铜或镀锌钢材，不得使用裸铝线。

（3）接地线与建筑物伸缩缝的交叉处，应增设 Ω 形补偿器，引出线并标色保护。

（4）接地线的连接应符合下列要求。

1）宜采用焊接，圆钢的搭接长度为直径的 6 倍，扁钢为宽度的 2 倍。

2）有震动的接地线，应采用螺栓连接，并加设弹簧垫圈，防止松动。

3）钢管接地与电器设备间应有金属连接，如接地线与钢管不能焊接时，应用卡箍连接。

（5）电缆管的内径不应小于电缆外径的 1.5 倍。电缆管的弯曲半径应符合所穿入电缆弯曲半径的规定，弯扁度不大于管子外径的 10%。每根电缆管最多不超过 3 个弯头，其中直角弯不应多于 2 个。

金属电缆管内壁应光滑无毛刺，管口应磨光。

硬质塑料管不得用在温度过高或过低的场所；在易受机械损伤处，露出地面一段，应采取保护措施。引至设备的电缆管管口位置，应便于与设备连接，并不妨碍设备拆装和进出，并列敷设的电缆管管口应排列整齐。

（6）限位开关的位置应调整准确，牢固可靠。本节未规定的电器设备安装要求，应按照《电气装置安装工程施工及验收规范》系列（GB 50168—92～GB 50173—92、GB 50254—96～GB 50259—96）的有关规定执行。

13.4 施工交通运输

13.4.1 对外交通运输

根据对外交通运输条件，工程施工期间外来物资运输主要采用公路运输。由工程区至当地县市，可利用堤顶公路及四通八达的当地公路，不再新修对外交通道路。

13.4.2 场内交通运输

施工期间工程场内运输以混凝土料的运输为主，兼有施工机械设备及人员的进场要求，因此设计修建施工干线道路连接工区、料场区和淤区等；场内干线公路路基能利用村间现有道路的应尽量利用，不能利用的考虑新建或改建。

施工道路布置详见工程施工总布置图，本次设计项目施工利用原堤顶道路作为场内施工道路 0.90km，其中改建 0.50km，新建 0.4km。

13.5 施工工厂设施

工程施工工厂设施主要由机械停放场，水、电设施等组成。

13.5.1 机械停放场

由于工程施工项目单一，且距当地县市较近，市、县内均可为工程提供一定程度的加工、修理服务。在满足工程施工需要的前提下，本着精简现场机修设施的原则，不再专设修配厂。

在工地现场各施工区内配设的机械停放场内可增设机械修配间，配备一些简易设备，承担施工机械的小修保养。

13.5.2 施工供水

根据工程施工总布置，施工供水分区安排。施工管理及生活区都布置在村庄附近，因此生活用水可直接在村庄附近打井取用或与村组织协商从村民供水井引管网取得；主体工程施工区生产用水量较小，水质要求不高，可直接抽取黄河水。工程用水量见表13.5-1。

表 13.5-1　　　　　　　　　　工 程 用 水 量 表

工 程 名 称	用水量/(m³/h)		
	生产用水	生活用水	小计
林辛水闸	5.47	1.42	6.89

13.5.3　施工供电

施工用电包括工程生产用电和生活照明用电等，用电可从原闸已有电网引接。本次设计项目总用电负荷为112.60kW。

13.5.4　施工通信

工程施工期通信不设立专门的通信系统，管理区对外通信可接当地市话，工区之间可采用移动通信联络。

13.6　施工总布置

13.6.1　施工布置

施工总布置方案应遵循因地制宜、方便施工、安全可靠、经济合理、易于管理的原则。

针对本工程的特点，水闸工程施工区相对集中，生产及生活设施根据水闸附近地形条件就近布置。施工道路最大限度地利用现有道路，施工设施尽量利用社会企业，减少工区内设置的施工设施的规模。根据施工需要，工区内主要布置综合加工厂、机械停放场、仓库、堆场及现场施工管理用房等。

经初步规划，本工程施工占地见表13.6-1。

表 13.6-1　　　　　　　　　　工 程 施 工 占 地 汇 总 表　　　　　　　　　　单位：m³

序 号	名 称	建筑面积	占地面积
1	施工仓库	50	100
2	办公及生活、文化福利建筑	343	686
3	机械停放场	30	300
4	混凝土拌和站	150	300
5	混凝土预制场	30	2000
	合计	603	3386

13.6.2　土石方平衡及弃渣

工程土方开挖总量约3.04万m³，混凝土拆除0.18万m³，弃渣量约0.18万m³，弃土量约3.04万m³。

由于工程所在地区的特殊性，清淤、开挖土方沿临黄堤（桩号336+600）背河淤区堤脚外10m范围内堆弃，拆除的混凝土运往5.9km外二级湖堤5+400背湖堤脚外坑塘弃置。

13.7 施工总进度

13.7.1 编制原则及依据

（1）编制原则。根据工程布置形式及规模等，编制施工总进度本着积极稳妥的原则，施工计划留有余地，尽可能使工程施工连续进行，施工强度均衡，充分发挥机械设备作用和效率，使整个工程施工进度计划技术上可行，经济上合理。

（2）编制依据。

1)《堤防工程施工规范》（SL 260—98）。

2)《水利水电工程施工组织设计规范》（SL 303—2004）。

3）机械生产率计算依据部颁定额，并参考国内类似工程的统计资料。

4）人工定额参照《水利建筑工程概算定额》（2002 年）。

5）黄河水利委员会《黄河下游防洪基建工程施工定额》。

13.7.2 施工总进度计划

（1）施工准备期。主要有以下准备工作：临时生活区建设、水电设施安装、场内施工道路修建及施工设备安装调试等。

准备期安排 1 个月，即第一年 9 月进行上述几项工作，完成后即可开始进行主体工程施工。

（2）主体工程施工期。水闸工程基本施工程序为：基坑排水→清淤→老闸拆除→闸混凝土浇筑→闸门启闭机安装。

老闸拆除在基坑抽水完成后进行，安排工期 61d。

清淤在基坑抽水完成后进行，安排工期 61d，完成土方开挖 30393m³。

水闸混凝土浇筑 1683m³，安排工期 31d，日均浇筑强度 54.29m³/d。

机房及桥机安装安排在混凝土浇筑到安装高程，且混凝土强度达到设计要求后进行，工期安排 61d。水闸安装，安排工期 31d。

（3）工程完建期。工程完建期安排 31d，进行工区清理等工作，本次设计项目工程主要施工技术指标见表 13.7-1。

表 13.7-1　　　　　　　　　　工程主要施工技术指标表

序　号	项　目　名　称		单　位	数　量
1	总工期		月	11.0
2	清淤开挖	最高日均强度	m³/d	163.60
3	混凝土浇筑	最高日均强度	m³/d	54.29
4	施工期高峰人数		人	70
5	总工日		万工日	1.33

13.8　主要技术供应

13.8.1　建筑材料及油料

水闸所需主要建筑材料包括商品水泥约 407t、钢筋约 170.83t，均可到距工程就近市、县等地采购。

13.8.2 主要施工设备

工程所需主要施工机械为中小型机械设备，工程主要施工机械设备见表13.8-1。

表 13.8-1　　　　　　　　　　　工程主要施工机械设备表

序　号	机械名称	型号及特性	数　量	备　注
1	挖掘机	$1m^3$	2台	
2	推土机	74kW	2台	
3	自卸汽车	10t	4辆	
4	插入式振捣器		3台	
5	汽车吊	10t	1台	
6	混凝土拌和机		2台	

14 林辛闸电气与金属结构设计研究

14.1 进湖闸 10kV 线路工程

14.1.1 35kV 石洼变电站现状

35kV 石洼变电站是石洼、林辛、十里堡三闸专用电源变电站，同时兼顾着当地农村电网用电。自 1985 年建成以来，在黄河抗洪防汛中发挥了重要作用。但该站变配电设备已陈旧老化，因 35kV 石洼变电站自 1985 年建成以来设备没有更新过，所有设备已达到报废年限，设备已被多次下令整改，国家电力公司水电施工设备质量检验测试中心和电力工业阻滤波器及变电设备质量检验测试中心于 2004 年对东平湖进出湖闸机电设备进行了鉴定。2010 年，黄河水利委员会组织专家对石洼闸和 35kV 石洼变电站进行鉴定，根据《山东黄河东平湖石洼分洪闸工程现场安全检测报告》和《东平湖进出湖闸机电设备鉴定检测报告》进行本次改造设计。

14.1.2 35kV 石洼变电站改造设计

35kV 石洼变电站主要是为石洼闸、林辛闸和十里堡闸提供电源，因历史原因，以前供电可靠性低，才设置 35kV 电压等级变电站作为专用电源。本次设计做两个方案进行比较，方案一是对原 35kV 变电站改造设计，属于单电源；方案二是采用双电源，因石洼闸是特大型泄洪闸，根据其功能和使用情况，属于二级负荷。所以，方案二采用两个 10kV 架空线路作为三闸电源：一是线路引自梁山县大路口变电站；另一是线路引自东平县银山变电站。采用 10/0.4kV，取消中间环节，节省投资，减少损耗，符合节能规范要求。目前，10kV 电压等级供电可靠性比以前有很大提高，涵闸用电设备均为 0.4kV 电压等级，本工程电源建议采用 10kV 电压等级，推荐方案二。

《石洼闸、林辛闸与十里堡闸电源初步设计报告》推荐方案概算总投资为 823.2 万元。

14.2 电气

14.2.1 电源引接方式

10kV 输电线路已经引至东平湖林辛分洪闸附近，此工程 10kV 电源拟从距林辛闸最近 10kV 线路"T"接，在终端杆处装设避雷器和跌落式熔断器，由终端杆经电缆（ZR-YJV$_{22}$-3×50mm^2，8.7/15kV）引至配电室；供电系统主要为闸门固定卷扬启闭机、照明、检修、视频、监控等负荷供电。

根据《供配电系统设计规范》（GB 50052—2009）的规定，工程按二级负荷设计。负荷应采用双电源供电，10kV 地方电网电源作为主供电源，柴油发电机作为备用电源（备用电源见其他设计）。本次设计在低压进线柜设双电源自动转换装置（作为今后上柴油发电机组时的接口），双电源自动转换装可自动或手动转换，以保证特殊时刻供电的可靠性。

表 14.2－1 　　　　　　　　　　　林辛分洪闸主要用电负荷

序号	设备名称	台数	最大运行台数	单机容量/kW	总容量/kW	运行方式
1	固定卷扬启闭机	15	2	2×18.5	74	季节性、短时
2	控制室电源				10	经常、连续
3	照明				10	经常、连续
4	检修				30	经常、短时
5	生活				10	经常、连续
			合计134kW			

注　经常、连续运行设备的同时系数 K_1 取 0.9，经常、短时运行设备的同时系数 K_2 取 0.5；则 0.4kV 总负荷 $S=\sum K_1+\sum K_2=0.9\times(10+10+10)+0.5\times(74+30)=79kW$。

14.2.2　电气接线

由表 14.2－1 中得出计算负荷约为 79kW，由于卷扬启闭机是采取直接启动、同时考虑变压器的经济运行，因此选择干式变压器 1 台，容量为 200kVA；0.4kV 开关柜共设置 5 面，其中 1 面进线柜，3 面馈线柜，1 面动态无功补偿装置。

10kV 侧采用高压负荷开关和熔断器，0.4kV 侧采用单母线接线，经变压器至 0.4kV 母线，考虑到负荷功率不大，距离较近，在低压母线上装设电容补偿装置。

14.2.3　主要电气设备选择

（1）氧化锌避雷器。

型号：	YH5WS5－17/50　　户外型

系统额定电压：　　　　　　　　　10kV

避雷器额定电压：　　　　　　　　17kV

避雷器持续运行电压：　　　　　　13.6kV

雷电冲击残压：　　　　　　　　　50kV

爬电比距：　　　　　　　　　　　＞2.5cm/kV

（2）跌落式熔断器。

型号：　　　　　　　　　　　　　RW9－10　　户外型

额定电压：　　　　　　　　　　　10kV

额定电流：　　　　　　　　　　　100A

额定短路开断电流：　　　　　　　10　kA

（3）高压负荷开关柜。

额定电压：　　　　　　　　　　　380V

额定电流：　　　　　　　　　　　630A

额定短时耐受电流：　　　　　　　20kA

额定峰值耐受电流：　　　　　　　50kA

熔断器最大额定电流：　　　　　　125A

熔断器开断电流：　　　　　　31.5kA

外壳防护等级：　　　　　　　IP3X

（4）干式变压器。

型式：　　　　　　　　　　　SC11-200/10

额定电压：高压10±2×2.5％kV　低压0.4kV

　　　　额定容量：　　　　　250kVA

　　　　阻抗电压：　　　　　4％

连接组别：　　　　　　　　　D，yn11

冷却方式：　　　　　　　　　自然冷却

（5）低压开关柜。

型式：　　　　　　　　　　　MNS型低压抽出式开关柜

额定工作电压：　　　　　　　12kV

额定绝缘电压：　　　　　　　660V

水平母线额定工作电流：　　　2000A

垂直母线额定工作电流：　　　1000A

水平母线短时耐受电流：　　　100kV

外壳防护等级：　　　　　　　IP54

（6）0.4kV并联电容器成套装置，选用模块智能动态无功补偿装置。

输入电压：　　　　　　　　　AC380±15％

电压采用精度：　　　　　　　≤0.1％

电流采用精度：　　　　　　　≤0.5％

功率因数采用精度：　　　　　≤0.01％

投切次数：　　　　　　　　　＞100万次

（7）250kW移动发电机1台。

14.2.4　主要电气设备布置

为方便各电气设备检修，配电室设在一楼，为方便闸门启闭机检修，在闸门启闭泵房内布置两个检修配电箱、一个照明箱。

配电室与现地控制盘电缆采用桥架或穿管敷设连接。

14.2.5　照明

启闭机房照明采用节能荧光灯，事故照明灯采用带蓄电池壁灯，值班室、室内变电站照明布置节能荧光灯。

室外照明主要采用庭院灯和高杆路灯，为方便涵闸抢险检修方便，局部另设投光灯，光源均采用新型高效的高压钠灯或金属卤化物灯。

14.2.6　过电压保护及接地

为防止雷电波侵入，在10kV电源终端杆处装设一组氧化锌避雷器；在建筑屋顶设避雷带并引下与接地网连接，作为建筑物防雷。

接地系统以人工接装置（接地扁钢加接地极）和自然接地装置相结合的方式；人工接地装置包括：配电室、启闭机房等处均设人工接地装置，自然接装置主要是利用结构钢筋等自然接地体；人工接地装置与自然接地装置连接应不少于两处，所有电气设备均与接地网连接。

防雷保护接地、工作接地及电子系统接地共用一套接地装置，接地网接地电阻不大于1Ω，若接地电阻达不到要求时，采用高效接地极或加降阻剂等方式有效降低接地电阻，直至满足要求。

表 14.2 - 2 　　　　　　　　　　　　**林辛分洪闸电气一次设备清单**

序　号	名　　称	型 号 及 规 格	单　位	数　量
1	高压负荷开关柜	XGN - 12，630A	面	1
2	干式变压器	SC11 - 200kVA，10/0.4kV	台	1
3	氧化锌避雷器	YH5WS5 - 17/50	组	1
4	跌落式熔断器	RW9 - 10	套	1
5	0.4kV 低压配电柜	MNS	面	5
6	动力配电箱		面	2
7	0.4kV 母线桥		m	8
8	双电源转换装置	600A	台	1
9	照明		项	1
10	10kV 电力电缆	ZR - YJV22 - 8.7/10kV	km	0.2
11	0.4kV 电力电缆	ZR - YJV22 - 1kV	km	1.5
12	电缆桥架及支架		t	3
13	电缆封堵防火材料		项	1
14	接地		t	2
15	基础及预埋件钢材		t	0.3

14.2.7　涵闸监控系统

控制系统的监控对象为 15 孔闸门及闸站电气设备。由于该闸门为黄河分洪闸门，其地理位置及作用非常重要，闸门的操作运行直接关系到泄洪系统的安全运行。本着确保设备安全运行的设计原则，闸门控制系统采用功能强、可靠性高、操作方便并能实时监视每孔闸门运行情况的监控系统。随着计算机技术在水电工程中的广泛应用，同时考虑将来有可能与远程集中控制系统进行通信，本次改造采用目前较先进的计算机监控系统代替常规接线，并预留有与远程集控中心的通信接口。

本监控系统分为主控级和现地级。现地级由 2 套现地控制单元 LCU 屏和 15 套闸门启闭机控制屏组成，现地级控制设备均布置在闸门启闭机室。主控级采用一套后台机系统，其中包括 1 台主机兼操作员站、通信服务器、打印机、语音报警装置、不间断电源 UPS 等设备，布置在闸门控制室。

每孔闸门的启闭机旁均设有现地控制屏，控制系统采用可编程控制器 PLC，在现地控制屏上通过 PLC 实现对各闸门的操作，闸站内设闸门控制室。闸门的控制既可在闸门控制室实现，也可在现地控制屏上实现，在闸门控制室，可对 15 孔闸门进行远方监控，各闸门的位置信号、故障信号等相关信息均可上送控制室，同时控制室还可发出命令至现地，控制启闭机的运行。

主控级和现地级的基本功能如下：

主控级功能：

（1）数据采集和处理。

（2）顺序控制。

（3）运行监视和管理。

（4）系统通信（包括与石洼闸管所集控中心系统的通信）。

1）现地级：监控对象为：1LCU 监控 1~8 号闸门，2LCU 监控 9~15 号闸门和闸站内 400V 电气设备。

2）功能：①数据采集；②控制操作；③信号显示；④数据远传。

现地控制单元 LCU 屏上的 PLC 通过网络总线与主控级进行通信，再通过主控级通信口与石洼闸管所远程集控中心系统进行通信。

14.2.8 视频监视系统

为能在控制室了解整个闸站的现场环境和设备运行情况，在闸站设置视频监视系统，各摄像机通过视频接入终端进行压缩编码，接入以太网，视频信号传输到控制室，通过视频监视器可监视现场情况。

在控制室配置 1 套 21″液晶显示器、1 台硬盘录像机。监视图像的显示方式可任意设定为人工调度显示或自动循环显示。站内设 8 套日夜一体化摄像机，分别用于低压开关柜室（1 套）、闸门启闭机室（2 套）、上游湖面（2 套），下游湖面（2 套）及大门口保安（1 套）。

林辛分洪闸电气二次设备见表 14.2-3。

表 14.2-3 林辛分洪闸电气二次设备表

序　号	设备名称	设备型号	单位	数量	备注
1	计算机监控系统				
1.1	主机兼操作员站		套	1	
1.2	通信服务器		套	1	
1.3	UPS 不间断电源	3kVA，1h	套	1	
1.4	激光打印机		台	1	
1.5	核心交换机		台	1	
1.6	语音报警装置		套	1	
1.7	操作控制台		套	1	
1.8	网络柜（网络设备及附件）		套	1	
1.9	软件		套	1	
1.10	现地控制单元 LCU 屏		面	2	
2	设备材料				
2.1	控制电缆		km	3	
2.2	光缆		km	0.5	
3	视频系统				
3.1	彩色专业摄像机		套	8	
3.2	硬盘录像机		台	1	

序　号	设备名称	设备型号	单位	数量	备　注
3.3	彩色监视器	21″	台	1	
3.4	UPS不间断电源	1kVA，4h	套	1	
3.5	摄像机专用电源及其他附件		套	1	
3.6	网络视频集中管理软件		套	1	
3.7	网络柜		面	1	
3.8	视频防雷设备		套	8	
3.9	视频、电源、信号线		km	3	
3.10	超五类双绞线		km	0.5	

14.3　金属结构

14.3.1　概述

林辛进湖闸始建于1968年，由于河床抬高，于1977～1979年进行了改建，共15孔。原设计工作闸门采用变截面钢筋混凝土闸门，孔口尺寸6m×4m（宽×高），设计水头9.32m，底坎高程40.80m，胸墙底高程44.80m。改造闸门由原来的旧闸门改造而成，采用定轮支撑，上节为仿石洼闸门新建，下节为旧闸门加固，止水座板为预花岗岩片导滑板。采用2×630kN固定式卷扬机操作。其作用为：分滞黄河洪水，控制艾山下泄流量不超过1万m³/s。

本次金属结构设备除险加固的内容主要包括进湖闸工作闸门、门槽以及启闭设备的更新处理。设备包括：平面闸门15扇、门槽15套，固定卷扬启闭机15台。总工程量约为390t。

14.3.2　金属结构现状与处理措施

林辛闸从初建完成至改建完成期间未正式运用，初建后于1968年底进行充水试验，除闸门漏水外，其他情况正常。1982年分洪运用，分洪流量最大1350m³/s。分洪初期闸门开度为0.5m时，有较大振动，在公路桥上有明显感觉。随着闸门开度的增加和尾水的抬高，闸室振动逐渐消失。当开度到达2.0m以上时，闸门振动又比较明显。

金属结构设备运行期从改造完成已有30多年，已超过了《水利建设项目经济评价规范》（SL 72—94）中规定的水利工程固定资产分类折旧年限：即压力钢管50年；大型闸、阀、启闭设备30年；中小型闸、阀、启闭设备20年。对启闭机设备而言，按照《水工钢闸门和启闭机安全检测技术规程》（SL 101—94）的规定，启闭力在1000kN以下的属于中小型启闭机的档次，其折旧年限应为20年。可见林辛进湖闸的金属结构设备已属于超期服役，现状描述和处理措施如下：

（1）闸门及埋件。

1）闸门为钢筋混凝土平面闸门，年久失修，部分闸门混凝土脱落，金属构件出露、锈蚀严重。

2）混凝土闸门表面存在剥蚀、碳化现象。

3）个别闸门顶板发现裂缝，钢筋外露，锈蚀严重。

4）大多数闸门橡皮止水严重老化，部分出现拉裂，已经无法止水。

5）门槽轨道埋件锈损严重，止水导板为预花岗岩片导滑板，表面粗糙，凸凹不平，极易磨损止水橡皮。

6）个别闸门侧轮丢失。

闸门年久失修，闸门混凝土脱落，金属构件外露、锈蚀严重，闸门顶板有裂缝，钢筋外露，锈蚀严重，对闸门本身结构已造成安全隐患；大部分止水橡皮出现严重老化、拉裂现象，多数止水连接螺栓锈蚀严重，必须重新更换；侧滑块丢失，致使闸门启闭时偏斜卡阻；闸门金属构件和封水螺栓一端浇筑在混凝土闸门内部，更换难度较大，如果强行更换势必对闸门结构造成很大破坏；同时这些设备本身也已运行 32 年，已不具备修复的价值。闸门埋件锈蚀严重；止水座板为预制花岗岩片导滑板，表面粗糙，凸凹不平，极易磨损止水橡皮，同时对闸门的启闭也存在很大的安全隐患。

处理措施：结合本次改造，把混凝土闸门更换为钢闸门，同时对埋件进行更新处理。

（2）启闭机。

1）启闭机使用已经超过 30 年，设备陈旧。

2）启闭机制动器抱闸时出现冒烟现象，轴瓦老化。

3）启闭机的高度指示装置设备陈旧，技术落后；高度指示器均有不同偏差，有的已经失去作用。

4）部分启闭机减速器、联轴器出现漏油现象。

5）绝大部分启闭机未设荷载限制器。

6）大多数配件已不再生产，维修困难。

总体来说，该启闭机技术落后，耗能高，效率低，运行操作人员劳动强度大，且多数配件已不再生产，已不便实行技术改造，设备本身也以超过水利工程固定资产规定的折旧年限。虽然通过对设备上已破损、老化的部件进行修整、更换或大修后能使部分启闭机继续使用，但这些补救措施并不能从根本上长远性地解决问题，仍然存在安全隐患。

处理措施：结合启闭机房的更新改造，启闭机全部进行更新处理。

14.3.3　门型比较

林辛进湖闸工作闸门现为钢筋混凝土闸门，本阶段平面闸门可选用钢闸门、铸铁闸门和钢筋混凝土闸门。钢闸门具有自重轻、承载能力大、性能稳定、施工和维护简单、具有一定的抗震性；铸铁闸门一般用于孔口尺寸较小的地方，铸造的劳动强度及加工工作量大，费用一般较高。钢筋混凝土闸门制造维护较简单，造价低，适用于小型工程，但其自重偏大，启闭容量大，并且混凝土有透水性，结构抗震性差，一般大、中型工程不推荐使用。结合本次钢筋混凝土闸门无法对损坏的零部件进行修复的缺陷，本阶段推荐选用钢闸门。

14.3.4　金属结构设计

新设计的工作闸门为潜孔平面悬臂定轮闸门，共 15 孔。孔口尺寸 6m×4m（宽×高），设计水头 9.32m。底坎高程 40.80m，门槽尺寸为 0.71m×0.35m。运用方式为动水启闭。闸门平时挡水，适时开启泄洪排沙。

闸门止水布置在上游侧，门体材料采用 Q235 - B，主轮采用 ZG310 - 570，轴承采用自润滑复合材料，为防止泥沙进入轴承，轴承两端增加密封装置。凿出原二期混凝土中的埋件，补全一期、二期混凝土插筋，重新安装闸门埋件。埋件除主轨采用标准重轨外，其他均采用Q235-B。门体分2节制造、运输，在工地拼焊成整体。埋件重量5t/孔，闸门重量11t/孔。闭门需要加重块7t，采用混凝土结构。

工作闸门采用固定卷扬启闭机操作，容量为2×400kN，扬程10m。

启闭机由起升机构、传动机构、保护装置和电器控制装置等组成，工作级别Q2。起升机构包括开式齿轮、卷筒、滑轮等。传动机构包括电机、联轴器、制动器、减速器等。保护装置包括荷载限制器、高度指示器、主令控制器等。

荷载限制器具有动态显示荷载、报警和自动切断电路功能。当荷载达到90％额定荷载时报警，达到110％额定荷载时自动切断电路，以确保设备运行安全。主令控制器控制闸门提升的上、下限位置，具有闸门到位自动切断电路的功能。开度传感器与主令控制器一起作为启闭机起升高度位置的双重保护，它的接收装置安装于现地操作的控制柜。

14.3.5　防腐涂装设计

14.3.5.1　表面处理

门体和门槽埋件采用喷砂除锈，喷射处理后的金属表面清洁度等级为：对于涂料涂装应不低于《涂装前钢材表面锈蚀等级和除锈等级》（GB 8923—88）中规定的Sa2.5级，与混凝土接触表面应达到Sa2级。手工和动力工具除锈只适用于涂层缺陷局部修理和无法进行喷射处理的部位，其表面清洁度等级应达到GB 8923—88中规定的St3级。

14.3.5.2　涂装材料

（1）闸门采用3层涂料防护，由内向外分别用环氧（水性无机）富锌底漆、环氧云铁防锈漆和环氧面漆。

（2）所有埋件埋入部分与混凝土结合面，涂刷特种水泥浆（水泥强力胶），既防锈又与混凝土黏结性能良好。埋件外表面涂装为：底层用环氧富锌底漆，环氧云铁作中间漆，面漆选用改性环氧耐磨漆。

（3）启闭机按水上设备配置3层涂料防护，由内向外分别为环氧富锌底漆、环氧云铁防锈漆和聚氨酯面漆。

14.3.6　金属结构工程量表

林辛分洪闸除险加固工程金属结构特性见表14.3-1，拆除工程量见表14.3-2。

表14.3-1　　　　　　林辛分洪闸除险加固工程金属结构特性表

基本资料				闸门						启闭机			
闸门名称	孔口-设计水头（宽×高-水头）/m	孔口数量	扇数	闸门型式	门体重量		埋件重量		型式	容量/kN（行程）	数量	单重/t	共重/t
					单重/t	共重/t	单重/t	共重/t					
工作闸门	6.0×4.0-9.32	15	15	定轮闸门	11	165	5	75	固定卷扬启闭机	2×400（10m）	15	10	150
其他	闸门防腐面积3960m²；混凝土加重块105t												

表 14.3-2　　　　　　　林辛分洪闸除险加固工程金属结构拆除工程量表

编　号	项　　目	单　位	工　程　量	备　　注
1	混凝土闸门拆除	m³	490.17	混凝土门更换为钢闸门
2	启闭机拆除	台	15.00	

14.4　消防设计

本工程防火项目主要是启闭机室。防火设计遵照《水利水电工程设计防火规范》（SDJ 278—90）、《建筑设计防火规范》（GB 50016—2006）、《建筑灭火器配置设计规范》（GB 50140—2005）等规定，并根据工程所在地建筑物结构及配置特点而进行设计。

（1）枢纽防火设计。启闭机房与桥头堡建筑面积约 1050.5m²，启闭机房内布置有卷扬式启闭机，桥头堡内为控制设备和办公设备。根据《建筑设计防火规范》（GB 50016—2006）的规定，启闭机房的火灾危险性类别为戊类，耐火等级为三级。可能发生火灾为带电物体燃烧引起的火灾，属轻危险级，建筑构件的耐火等级不低于三级，不设消火栓，灭火器选用磷酸铵盐干粉灭火器 MF/ABC4 型 14 具。

（2）电器防火设计。为防止雷电波侵入，在 10kV 电源终端杆处装设一组氧化锌避雷器；在建筑屋顶设避雷带并引下与接地网连接，作为建筑物防雷。根据《水利水电工程设计防火规范》（SDJ 278—90）的要求，所有电缆孔洞、电缆桥架均应采取防火措施；根据电缆孔洞的大小采用不同的防火材料，比较大的孔洞选用耐火隔板、阻火包和有机防火堵料封堵，小孔洞选用有机防火堵料封堵。电缆沟主要采用阻火墙的方式将电缆沟分成若干阻火段，电缆沟内阻火墙采用成型的电缆沟阻火墙和有机堵料相结合的方式封堵，电缆沟层间采用防火隔板等方式。

15 林辛闸工程概算

15.1 编制原则和依据

(1)编制原则。设计概算按照现行部委颁布的有关水利工程概算的编制办法、费用构成及计算标准,并结合黄河下游工程建设的实际情况进行编制。价格水平年为 2011 年第三季度。

(2)编制依据。

1)水利部水总〔2002〕116 号文《关于发布〈水利建筑工程预算定额〉、〈水利建筑工程概算定额〉、〈水利工程施工机械台时费定额〉及〈水利工程设计概(估)算编制规定〉的通知》。

2)水利部水总〔2005〕389 号文关于发布水利工程概预算补充定额的通知。

3)水利部水建管〔1999〕523 号文关于发布《水利水电设备安装工程预算定额》和《水利水电设备安装工程概算定额》的通知。

4)其他各专业提供的设计资料。

15.2 基础价格

(1)人工预算单价。根据水总〔2002〕116 号文的规定,经计算工长 7.15 元/工时、高级工 6.66 元/工时、中级工 5.66 元/工时、初级工 3.05 元/工时。

(2)材料预算价格及风、水、电价格。价格水平年采用 2011 年第三季度,根据施工组织设计确定的材料来源地及运输价格计算主材预算价格:汽油 9550 元/t,柴油 8505 元/t,水泥 508.82 元/t,钢筋 5493.20 元/t,块石 116.05 元/m³,碎石 109.59 元/m³,砂 130.14 元/m³。

砂石料、汽油、柴油、钢筋、水泥分别按限价 70 元/m³、3600 元/t、3500 元/t、3000 元/t、300 元/t 进入单价计算,超过限价部分计取税金后列入相应部分之后。

电价:0.94 元/(kW·h)。

水价:0.5 元/m³。

风价:0.12 元/m³。

15.3 建筑工程取费标准

(1)其他直接费:包括冬雨季施工增加费、夜间施工增加费及其他,按直接费的 2.5%计。

(2)现场经费: 土方工程 占直接费 9.0%

	石方工程	占直接费	9.0%
	混凝土工程	占直接费	8.0%
	模板工程	占直接费	8.0%
	钻孔灌浆工程	占直接费	7.0%
	疏浚工程	占直接费	5.0%
	其他工程	占直接费	7.0%
(3) 间接费:	土方工程	占直接工程费	9.0%
	石方工程	占直接工程费	9.0%
	混凝土工程	占直接工程费	5.0%
	模板工程	占直接工程费	6.0%
	钻孔灌浆工程	占直接工程费	7.0%
	疏浚工程	占直接工程费	5.0%
	其他工程	占直接工程费	7.0%

(4) 企业利润: 按直接工程费与间接费之和的 7% 计算。

(5) 税金: 按直接工程费、间接费和企业利润之和的 3.28% 计算。

15.4 概算编制

15.4.1 第一部分 建筑工程

(1) 主体工程部分按设计工程量乘以工程单价计算,其他建筑工程:按主体工程投资的 1% 计取。

(2) 房屋建筑工程。启闭机房和桥头堡(轻钢结构)2000 元/m²。

15.4.2 第二部分 机电设备及安装工程

设备费用按设计提供的设备数量乘以调研的价格,设备运杂费率为 5.93%。

安装工程费按设备数量乘以安装工程单价进行计算。

15.4.3 第三部分 金属结构设备及安装工程

设备费用按设计提供的设备数量乘以调研的价格,设备运杂费率为 5.93%。

安装工程费按设备数量乘以安装工程单价进行计算。

设备价格:闸门 10000 元/t,埋件 10000 元/t,卷扬机 20000 元/t,闸门防腐 130 元/m²。

15.4.4 第四部分 施工临时工程

(1) 施工仓库按 200 元/m² 计算。

(2) 办公、生活文化福利建筑按公式计算。

(3) 其他施工临时工程按第一至第四部分建安投资的 4.0% 计取。

15.4.5 第五部分 独立费用

(1) 建设管理费。

1) 建设单位人员经常费。

建设单位人员经常费:根据建设单位定员 15 人、费用指标和经常费用计算期 2.42 年 (0.5 年+11/12 年+1 年) 计算。

工程管理经常费：按建设单位人员经常费的 20％计取。

2）工程监理费。按发展和改革委员会、建设部发改价格〔2007〕670 号文计算。

（2）科研勘测设计费。根据国家计委、建设部计价格〔2002〕10 号文《工程勘察设计收费标准》计算。

（3）其他。根据合同计列水闸安全鉴定费 87.68 万元。

15.5　预备费

基本预备费：按第一至第五部分投资的 8％计算。

不计价差预备费。

15.6　移民占地、环境保护、水土保持部分

按移民、环保、水保专业提供的投资计列。

15.7　概算投资

工程静态总投资 3541.76 万元，建筑工程 813.73 万元，机电设备及安装工程 244.13 万元，金属结构设备及安装工程 711.62 万元，临时工程 170.05 万元，独立费用 490.11 万元，基本预备费 194.37 万元，场地征用及移民补偿费 9.17 万元，水土保持投资 32.49 万元，环境保护投资 52.89 万元，电厂改造 823.20 万元。

16 马口水闸加固处理措施研究

16.1 设计依据及使用的技术规范

16.1.1 设计依据

（1）闸址区 1∶500 地形图。

（2）原闸竣工图纸。

16.1.2 使用的技术规范

（1）《水闸设计规范》（SL 265—2001）。

（2）《堤防工程设计规范》（GB 50286—98）。

（3）《水工混凝土结构设计规范》（SL 191—2008）。

（4）《水工建筑物荷载设计规程》（DL 5077—1997）。

（5）《水工建筑物抗震设计规范》（SL 203—97）。

（6）《建筑地基基础设计规范》（GB 50007—2011）。

（7）《灌溉与排水工程设计规范》（GB 50288—99）。

（8）《水利水电工程设计工程量计算规定》（SL 328—2005）。

（9）《水利水电工程钢闸门设计规范》（SL 74—95）。

（10）《水利水电工程启闭机设计规范》（SL 41—2011）。

（11）《土石坝安全监测技术规范》（SL 551—2011）。

（12）《黄河堤防工程管理设计规定》（黄建管〔2005〕44 号）。

（13）《大坝安全自动监测系统设备基本技术条件》（SL 268—2001）。

（14）《大坝安全监测自动化技术规范》（DL/T 5211—2005）。

16.2 建筑物等级

因闸址处东平湖围坝为 1 级建筑物，根据《堤防工程设计规范》（GB 50286—98）的规定，马口涵闸的建筑物级别也为 1 级建筑物。

16.3 地震烈度

根据国家地震局 1990 年《中国地震烈度区划图》，闸址区基本烈度为 7 度，按照《水工建筑物抗震设计规范》（SL 203—97）的规定，采用基本烈度作为设计烈度，即设计地震烈度为 7 度。

16.4　灌区设计引水流量

设计引水流量为 4m³/s，设计排涝流量为 10m³/s。

16.5　控制水位

设计防洪水位：44.87m。

设计引水位：38.79m。

最高设计引水位：41.10m。

排涝设计水位：41.79m。

排涝最高设计水位：42.54m。

排涝最低设计水位：37.44m。

16.6　工程总体布置

马口闸纵轴线与原闸相同，涵闸及围坝相关部分拆除后，由于涵闸与排涝压力涵洞连接需要，出口竖井位置不变。涵闸分为进口段（24.0m）、闸室段（8.5m）、箱涵段（45.2m）、出口竖井段（7.0m）、出口段（20m），总长度104.7m。

围坝开挖后按照原堤线高程回填，穿堤涵段原堤顶路面为沥青混凝土型式，在工程结束后应将路面恢复到原状。

16.7　主要建筑物设计及附属工程

16.7.1　进口段结构设计

由于马口闸具有排涝和引水双重作用，所以涵闸进口段不仅要设置护面，还要考虑在排涝工况下的防冲措施。进口段总长 24.0m，由上游向下游依次布置长 4.0m 的抛石防冲槽、长 5.0m 的干砌块石护面和长 15.0m 的浆砌石护面。其中抛石防冲槽厚 1.0m，平面布置为梯形，底宽为 22.02~18.92m，下铺厚 0.2m 碎石垫层；干砌块石护面厚 0.4m，平面布置为梯形，底宽为 18.92~15.04m，下铺厚 0.1m 碎石垫层；浆砌石护面厚 0.5m，底宽 2.0m，下层设厚 0.1m 的碎石垫层。浆砌石护面两侧设置浆砌石扭曲面，扭曲面墙顶高程自上游向下游由 37.29m 渐变为 40.00m。

16.7.2　闸室结构设计

闸室段长 8.5m，为钢筋混凝土结构，设一孔平板检修闸门和一孔平板工作闸门。闸底板高程 36.79m，工作闸门采用后止水形式，胸墙前孔口尺寸为 2.0m×2.4m，检修闸门孔口宽度为 2.0m。检修平台顶高程 42.09m，闸上设启闭机排架和启闭机房，启闭机房底板与坝顶平，高程 46.87m。工作门槽下游侧设钢筋混凝土胸墙，兼起挡土作用。闸墩厚 0.8m；闸底板厚 0.7m，下层设厚 0.1m 的素混凝土垫层。

启闭机房为钢筋混凝土框架结构，建筑面积 16.92m²，启闭机房外设 0.90m 宽悬挑平台通道，便于操作运行。启闭机房内设 1 台固定卷扬式启闭机操作工作闸门，1 台电动葫芦操作检修闸门。启闭机房与坝顶交通采用宽为 1.5m 的钢筋混凝土桥连接。

闸室两侧各设置宽为 7.2m 的平台，平台地面高程与检修平台相同，为 42.09m，平台与坝顶间设宽为 1.5m 的浆砌石台阶满足交通要求。

16.7.3 箱涵段结构设计

闸室后接长 45.2m 的钢筋混凝土箱涵,共 6 段,与前、后闸室连接段的两段长 6.6m,中间段每段长为 8.0m。箱涵进口底板高程 36.79m、出口底板高程 36.69m。箱涵为单孔结构,孔口尺寸为 2.0m×2.0m,四角均设高 0.2m 护角。箱涵顶板、底板及边墙厚均为 0.5m。

分缝处止水形式为:分缝中部设橡胶止水带,其上下填充闭孔泡沫板,分缝迎水面设置高 3cm、宽 2cm 的聚硫密封胶,箱涵分缝外周围包防渗土工膜,土工膜宽 1m,土工膜外是厚 1.0m 的黏土环;每节箱涵端部均置于混凝土垫梁上,垫梁长 3.6m,断面 1.0m× 0.5m(宽×高)。

16.7.4 出口竖井段结构设计

因涵闸承担排涝和引水的双重任务,涵洞出口需设闸门井一座。竖井上部横断面 5.0m×5.0m,为保持竖井在各工况下的基底应力满足要求,设计底板平面尺寸为 6.0m×7.0m。底板高程 36.69m,启闭机层高程 44.41m,启闭机房建筑面积 33.0m²,钢筋混凝土框架结构,启闭机房与坝顶道路的连接采用宽为 1.5m 的钢筋混凝土桥。

16.7.5 出口段结构设计

出口段总长度为 20.0m,左侧墙因紧邻排灌站围墙而且比较完好,不再考虑拆除重建,底板及右侧墙因破损严重,需要拆除重建,重建的底板设计为浆砌石结构,厚 0.5m,底板上设排水孔以减小基底扬压力,底部设总厚 0.6m 的砾石、碎石、粗砂反滤层。右侧墙按重力式浆砌石挡土墙结构设计,扭曲面形式。出口段末端与原衬砌渠道平顺相接。

16.7.6 箱涵与坝体截渗墙的连接设计

马口闸轴线位于东平湖围坝桩号 79+300 处,该桩号上、下游各 7.0m 以外范围已沿坝设置了截渗墙,此处尚有 14.0m 未进行截渗处理。本次设计考虑结合马口闸的拆除重建工程将该段的截渗缺口进行封闭。在马口闸拆除重建期间,在设计箱涵底高程以下,用高压摆喷截渗墙与两侧截渗墙连接、封闭,搭接长度为 1.0m,墙底高程 21.00m,为防止箱涵沉降对高压摆喷截渗墙产生破坏,在洞底混凝土与截渗墙间设置柔性止水材料,根据高压摆喷墙的固结范围,设计布孔间距为 2.5m。设计箱涵底以上用黏土心墙与两侧原截渗墙连接、封闭,搭接长度为 1.0m,心墙顶与堤顶路基底面平,心墙顶宽 1.0m,两侧边坡均为 1:0.1,心墙底设箱涵底高压摆喷截渗墙顶面以下 1.0m 处,即与高压摆喷截渗墙的搭接长度为 1.0m,两侧也与原截渗墙连接、封闭,搭接长度为 1.0m。通过这一措施,使东平湖围坝在该段的截渗体系得以完善。

16.7.7 水力计算

包括灌溉引水水力计算及排涝水力计算。

16.7.7.1 过流能力计算

(1)流态判别。涵洞的过流能力属于宽顶堰流的特殊情况,其流态判别采用下式:

1)$H \leqslant 1.2D$:当 $h < D$ 时,为无压流;当 $h \geqslant D$ 时,为淹没压力流。

2）1.2D＜H≤1.5D：当h＜D时，为半压力流；当h≥D时，为淹没压力流。

3）H＞1.5D：当h＜D时，为非淹没压力流；当h≥D时，为淹没压力流。H为从进口洞底算起的进口水深，m；h为从出口洞底算起的出口水深，m；D为洞高。

经计算，在设计引水工况下，即当上游水位为38.79m时，涵洞水流为无压流；在最高引水工况下，即当上游水位为41.10m时，涵洞水流为非淹没压力流；在排涝设计工况和排涝最高设计工况下，涵洞水流为淹没压力流；在排涝最低设计工况下，涵洞水流为无压流。

涵洞长短洞的判别，按《灌溉与排水工程设计规范》（GB 50288—99）的规定：

$$L_k=(52\sim83)H$$

式中 L_k——无压缓坡短洞的极限长度，m；

H——进口水深。

经计算，在设计引水工况下，$L_k=104\sim166$；本工程涵洞长度为50.15m，故在设计引水工况下，涵洞为短洞。

（2）过流能力计算。在设计引水工况下，按无压流计算涵洞的过流能力：

$$Q=mB\sqrt{2g}H_0^{3/2}$$

式中 Q——涵洞过流流量，m^3/s；

m——无压流时的流量系数；

B——过流净宽，m；

H_0——包括行近流速在内的上游水头。

在设计引水位情况下涵洞的最大过流能力为9.65＞4.0m^3/s，满足过流能力的要求。

湖水位为排涝最高设计水位时的工况为涵闸的排涝控制工况，按淹没压力流计算其过流能力：

$$Q=m_2A\sqrt{2g(H_0+iL-h)}$$

式中 Q——涵洞排涝过流流量，m^3/s；

m_2——压力流时的流量系数；

A——洞身断面面积，m^2；

H_0——包括行近流速水头在内的进口水深，m；

i——洞底坡降；

L——洞身段长度，m；

h——出口水深，即湖内水位距临湖侧洞底的高差，m。

由$Q=10m^3/s$，求得竖井内水深为6.72m，相应的竖井内水位为43.41m，即在竖井内水位为43.41m时，洞内过流量为10.0m^3/s，满足排涝过流能力的要求。

16.7.7.2 消能防冲计算

灌溉引水的消能防冲计算的控制工况为：上游水位为最高引水位41.10m，下游水位为渠道正常水位38.49m，引水流量为4m^3/s。

排涝消能防冲计算的控制工况为：东平湖设计最低排涝水位 37.44m，排涝流量为 $10m^3/s$。

通过下游水深 h_t 与出口后收缩水深 h'_c 的共轭水深 h''_c 进行比较来判别出口水流衔接形式：

当 $h''_c > h_t$ 时，为远驱水跃；

当 $h''_c = h_t$ 时，为临界水跃；

当 $h''_c < h_t$ 时，为淹没水跃。

经计算，在以上两种工况下，出口水流衔接形式均为淹没水跃，可不需采用专门的工程措施进行消能。

16.7.8 基础防渗轮廓线布置及渗流计算

16.7.8.1 水闸基础防渗轮廓线布置

水闸为壤土地基，按《水闸设计规范》（SL 265—2001）中渗径系数法初估基础防渗轮廓线长度，即 $L = C \times \Delta H$，设计防洪水位下，其上、下游水位差为 8.18m，渗径系数 $C = 5$，基础防渗长度应在 40.9m 以上。根据截渗墙的布置位置，基础防渗长度应按截渗墙上游面与闸基交点起算，水闸基础有效防渗轮廓线长度为 73.47m，满足水闸基础防渗长度要求。

16.7.8.2 渗流计算

根据《水闸设计规范》（SL 265—2001），水闸基础的渗流计算可按改进阻力系数法。

计算工况：设计防洪水位下，即其上、下游水位差为 8.18m。

根据截渗墙的布置位置，基础渗流计算的进口按截渗墙上游面与闸基交点考虑。经计算，修正后的闸基出口段渗透坡降为 0.44，小于规范规定的出口段允许坡降值 0.60；修正后的闸基水平段平均渗透坡降为 0.07，小于规范规定的水平段允许坡降值 0.35，所以满足渗流稳定要求。

16.7.9 基础承载力验算

根据地质报告，基础持力层即第②层的承载力标准值为 180kPa，由于基础周围有连续的大堤覆盖，按照《建筑地基基础设计规范》（GB 50007—2011）的规定，基础承载力设计值应为承载力标准值加宽深度修正值，公式如下：

$$f_a = f_{ak} + \eta_b \gamma (b - 3) + \eta_d \gamma_m (d - 0.5)$$

式中　f_a——修正后的地基承载力特征值；

　　　f_{ak}——地基承载力特征值；

　　η_b、η_d——基础宽度和埋深的地基承载力修正系数；

　　　γ——基底下土的重度；

　　　γ_m——基底上土的加权平均重度；

　　　b——基础底面宽，小于 3m 按 3m 取值，大于 6m 按 6m 取值；

　　　d——基础埋置深度。

涵闸地基承载力设计值见表 16.7－1。

表 16.7-1　　　　　　　　　　　　涵闸地基承载力设计值　　　　　　　　　　　单位：kPa

部位	闸室段		箱涵段				竖井段	
	前端	后端	墙前前端	墙前后端	墙后前端	墙后后端	前端	后端
地基承载力设计值	200.40	262.25	260.45	325.17	446.83	236.87	245.55	207.00

16.7.10　闸室稳定及基底应力计算

16.7.10.1　计算内容

计算内容包括地基应力及不均匀分布系数 η、抗滑稳定安全系数 K_c 及基础承载力验算。

16.7.10.2　计算工况及荷载组合

计算工况及荷载组合见表 16.7-2。

表 16.7-2　　　　　　　　　　　　　计算工况及荷载组合表

荷载组合	计算工况	水位/m		荷载						
		闸上	闸下	自重	静水压力	扬压力	土压力	泥沙压力	波浪压力	地震荷载
基本组合	完建期	无水	无水	√			√			
	设计洪水位	44.87	无水	√	√	√	√	略	略	
特殊组合	正常蓄水位＋地震	39.13	无水	√	√	√	√	略	略	√

16.7.10.3　抗滑稳定验算

计算采用以下公式：

$$K_c = \frac{f\sum G}{\sum H}$$

式中　f——抗滑摩擦系数；

　　　K_c——抗滑稳定安全系数；

　　$\sum H$——作用在闸室上的全部水平向荷载。

16.7.10.4　基底应力验算

计算采用以下公式：

$$P_{\min}^{\max} = \frac{\sum G}{A} \pm \frac{\sum M_x}{W_x} \pm \frac{\sum M_y}{W_y}$$

不均匀分布系数　　　　　　　$\eta = \frac{P_{\max}}{P_{\min}} \leqslant [\eta]$

式中　　　$P_{\max}$——闸室基底压力的最大值；

　　　　　$P_{\min}$——闸室基底压力的最小值；

　　　　　$\sum G$——作用在闸室上的全部竖向荷载（包括闸室基底扬压力）；

　$\sum M_x$、$\sum M_y$——作用在闸室上的全部竖向和水平向荷载对于基础底面形心轴 x、y 的力矩；

　　　　　　　A——闸室基础底面的面积；

W_x、W_y——闸室基础底面对于该底面形心轴 x、y 的截面矩。

16.7.10.5 计算成果

计算结果见表 16.7-3 和表 16.7-4。

表 16.7-3　　　　　　　　　　闸室抗滑稳定安全系数表

荷载组合	计算工况	K_c		$[K_c]$
		闸室段	竖井段	
基本	完建期	7.73	47.19	1.35
	设计洪水位	1.38	43.70	1.35
特殊	正常蓄水位+地震	6.58	6.78	1.10

表 16.7-4　　　　　　　　　　基底应力计算成果表

荷载组合	计算工况	基底应力/kPa				不均匀系数		
		闸室段	竖井段	涵管段		闸室段 η	竖井段 η	$[\eta]$
基本	完建期	前端 112.81	172.57	墙前前端	106.39	1.15	1.56	2.00
				墙前后端	188.85			
		后端 129.35	110.61	墙后前端	188.85			
				墙后后端	76.56			
	设计洪水位	前端 60.78	165.44	墙前前端	77.23	1.59	1.41	2.50
				墙前后端	138.63			
		后端 96.37	117.75	墙前前端	188.85			
				墙后后端	76.56			
特殊	正常蓄水位+地震	前端 119.79	99.48	墙前前端	106.39	1.55	1.85	3.00
				墙前后端	188.85			
		后端 77.13	183.70	墙前前端	188.85			
				墙后后端	76.56			

根据基底应力计算，闸室、涵管及竖井段的最大基底应力均小于对应位置处修正后的地基承载力特征值的 1.2 倍，基础承载力满足设计要求，不需要进行基础处理。

16.7.11　附属工程

16.7.11.1　路面恢复工程

原堤顶路面结构为沥青混凝土路面，该处上坝路的路面结构为碎石路面，由于水闸加固改建工程的实施需要对该段堤防进行开挖，将破坏堤顶道路和上坝路的结构，所以需要在水闸加固改建的主体工程完成后，对堤顶道路和上坝路按原状恢复，堤顶道路结构主要包括路基、路面和两侧路缘石，上坝路结构按碎石路面恢复。

16.7.11.2　植树、植草

树木、草皮是黄河防洪工程的生物防护措施之一，它具有护坡防冲、保持水土、绿化、美化工程的功能，对维护工程完整，保持其应有的抗洪强度，改善生态环境起着重要作用。在堤顶两侧各栽植 1 行道林，株距为 2m。开挖范围内的下游堤坡和上游堤坡未护

砌部分，种植防冲刷、耐干旱的葛芭草，16墩/m²。

16.7.11.3 排水沟

按照规定，堤防上下游坡每隔100m应各设置横向排水沟一道，在马口闸所在段的堤防，由于上游坡设置有浆砌石台阶，可以利用其作为横向排水通道使用，所以本工程的上游堤坡不再专门设置横向排水沟，根据本工程的开挖范围，需要在下游堤坡设置横向排水沟1道。排水沟采用预制混凝土结构。

16.7.11.4 其他

工程还应安置工程标志牌、百米桩等，具体按黄河务〔2000〕12号文规定实施。根据设计规定：

（1）工程标志牌：1处。

（2）百米桩：1根。

16.7.12 主要工程量

马口闸建筑工程部分主要工程量见表16.7-5。

表 16.7-5 马口闸建筑工程部分主要工程量表

编号	项 目 名 称	单 位	数 量	备 注
一	拆除工程			
1	浆砌石拆除	m³	597.1	
2	干砌石及抛石拆除	m³	582.2	
3	垫层混凝土拆除	m³	15.4	
4	钢筋混凝土拆除	m³	387.1	
5	启闭机房拆除	m²	9.0	
6	启闭机拆除	台	3	
7	启闭机轨道拆除	m	33.9	
8	闸门拆除	扇	3	
9	测压管拆除	个	3	
10	沉陷杆拆除	个	3	
二	土方工程			
1	土方开挖	m³	21354.5	
2	土方回填	m³	19703.9	
3	黏土心墙	m³	951.0	
4	黏土环	m³	238.1	
三	石方工程			
1	浆砌石	m³	452.0	
2	干砌石	m³	142.6	
3	碎石垫层（厚200mm）	m³	44.6	

编号	项目名称	单位	数量	备注
4	碎石垫层（厚150mm）	m³	54.2	
5	碎石垫层（厚100mm）	m³	26.2	
6	反滤料	m³	47.9	
7	抛石	m³	86.0	
四	混凝土工程			
1	素混凝土垫层（C10）	m³	23	厚100mm
2	闸室下部混凝土（C25）	m³	270.4	
3	闸室上部混凝土（C30）	m³	25.4	
4	预制混凝土垫梁（C25）	m³	14.6	
5	涵洞混凝土（C25）	m³	241.1	
6	工作桥墩混凝土（C20）	m³	11.88	
7	桥面预制混凝土（C25）	m³	6.0	
8	钢筋混凝土栏杆	m	105.6	
9	钢筋	t	62.8	
五	房屋建筑工程			
	启闭机房	m²	43.3	
六	截渗墙工程			
1	钻孔	m	195.7	
2	高压摆喷截渗墙	m	165.8	
七	其他			
1	橡胶止水	m	73.5	
2	闭孔泡沫板	m2	41.7	
3	聚硫密封胶	m³	0.1	
4	防渗土工膜	m²	88.2	
5	ϕ200无砂混凝土排水孔	m	15.1	
6	ϕ100PVC排水管	m	256.6	
7	植树	棵	81	
8	植草	m²	2627.2	
9	沥青路面恢复（坝顶路）	m²	641.6	
10	碎石路面恢复（上坝路）	m²	423.1	

16.8 安全监测

16.8.1 设计原则

从大量涵闸的运行实践可以看出，涵闸和穿堤建筑物的破坏，通常是由于底板扬压力过大或者底板下部以及穿堤建筑物与大堤的结合部处理不当，形成渗流通道造成的。结合本闸的实际情况，特提出下列设计原则：

（1）监测项目的选择应全面反映建筑物实际情况，力求少而精，突出重点，兼顾全局。本工程以渗流监测为主，兼顾变形监测。渗流监测主要监测箱涵底板扬压力分布以及箱涵两侧与围坝结合部的渗透压力分布情况。变形监测主要监测闸室不均匀沉陷以及由箱涵不均匀沉陷引起的接缝变形。

（2）所选择的监测设备应结构简单，精密可靠，长期稳定性好，易于安装埋设，维修方便，具有大量的工程实践考验。同时便于实现自动化监测。

16.8.2 观测项目

根据上述设计原则，结合建筑物本身的具体情况，其仪器布设情况如下：

（1）渗流监测。

底板扬压力监测。为监测涵闸底板扬压力分布，沿闸底板中心线分别在进口闸室段上游侧、进口闸室段下游侧，截渗墙上游侧、下游侧，第 5 节箱涵，出口闸室中部各布置 1 支渗压计，共 6 支。

（2）变形监测。

1）闸室不均匀沉陷监测。对涵闸等引水工程来说，闸室的均匀沉陷基本不影响涵闸的正常运行，而闸室的不均匀沉陷量过大，会造成闸墩倾斜，闸门无法启闭等影响涵闸正常运行的后果；为监测闸室的不均匀沉陷，在进口水闸和出口竖井的边墩四角各布设一个沉陷标点；水准工作基点组设在管理房周围相对稳定的基础上。

2）接缝监测。为监测因基础不均匀沉陷引起的箱涵接缝开合情况，在闸室与箱涵接缝下部布置 1 支测缝计、围坝内第二、第三节箱涵接缝下部布置 1 支测缝计、围坝内第六节箱涵与出口竖井接缝下部布置 1 支测缝计，共 3 支。

（3）环境量监测。

1）上下游水位监测。在闸前和出口竖井水流相对平顺的明渠段各布置 1 支水位计，共 2 支，以监测涵闸上下游水位的变化。

2）气温监测。在涵闸管理房附近布置 1 支温度计，监测涵闸附近气温的变化。

（4）监测站。监测站设在进口闸室启闭机房内。

16.8.3 监测设备选型

目前，应用于水利水电工程安全监测的设备类型很多，如振弦式、差动电阻式、电容式、压阻式等。除振弦式仪器外，其他仪器均存在长期稳定性差、对电缆要求苛刻、传感器本身信号弱、受外界干扰大的缺点。振弦式仪器是测量频率信号，具有信号传输距离长（可以达到 2～3km）、长期稳定性好，对电缆绝缘度要求低，便于实现自动化等优点，并且每支仪器都可以自带温度传感器测量温度，同时，每支传感器均带有雷击保护装置，防止雷击对仪器造成损坏。

根据安全监测设计原则以及各种类型仪器的优缺点，建议本工程中应用的渗压计、测缝计采用振弦式。

16.8.4 监测工程量

监测工程量见表 16.8－1。

表 16.8-1

监 测 工 程 量 表

序 号	项 目 名 称	单 位	数 量
一	仪器设备		
1	渗压计	支	6
2	埋入式测缝计	支	3
3	水位计	支	2
4	温度计	支	1
5	水准标点	个	8
6	水准工作基点组	组	1
7	集线箱	个	1
8	电缆	m	500
9	直径 50mm 镀锌钢管	m	100
10	电缆保护管（直径 50mmPVC 管）	m	180
11	水准仪	个	1
12	振弦式读数仪	个	1
二	仪器设备率定费	项	1
三	运输保险费	项	1
四	安装调试费	项	1
五	施工期观测与资料整理	项	1

16.9 金属结构

东平湖马口闸为一孔涵闸，主要承担灌溉和排涝的任务。金属结构设备包括进口检修闸门、工作闸门、出口灌溉闸门、排涝闸门及其相应的启闭设备。共设置闸门 4 扇、电动葫芦 1 台、手电两用螺杆式启闭机 2 台，固定卷扬式启闭机 1 台，金属结构总工程量约 24.8t。

16.9.1 进口检修闸门

检修闸门为露顶式平面滑动钢闸门，孔口尺寸 2m×2.34m（宽×高），底坎高程 36.79m，设计水头 2.34m。平时闸门锁定在检修平台上，当工作门及埋件需要检修时关闭闸门挡水。运用条件为静水启闭，采用小开度提门充水。

闸门止水布置在下游侧，侧止水采用 P 形橡皮，底止水采用条形橡皮；主支承材料采用摩擦系数较小的新型自润滑复合材料，反向支承采用铸铁滑块。门体和埋件主材采用 Q235-B。

检修闸门采用电动葫芦操作，启闭容量为 50kN，扬程 6m。

16.9.2 进口工作闸门

工作闸门为潜孔式平面滑动钢闸门，孔口尺寸 2m×2.4m，底坎高程 36.79m，最高挡水位 44.87m，设计水头 8.08m，闸前水位达到 38.79m 时可开启工作闸门引水，最高引水位 41.50m。运用条件为动水启闭，有局部开启要求。

闸门止水布置在下游侧，侧止水采用 P 形橡皮，底止水采用条形橡皮；主支承材料采用摩擦系数较小的新型自润滑复合材料，反向支承采用铸铁滑块。门体和埋件主材采用Q235-B。

工作闸门采用固定卷扬式启闭机操作，启闭容量为200kN，扬程6m。

16.9.3　出口灌溉闸门

在涵洞的出口设灌溉闸门，平时处于关闭状态，引水灌溉时先打开该闸门，再开启进口工作门。闸门为潜孔式平面滑动钢闸门，孔口尺寸2m×2m，底坎高程36.69m，设计水头6.72m。运用条件为静水启闭。

闸门止水布置在下游侧，侧止水采用P形橡皮，底止水采用条形橡皮；主支承材料采用摩擦系数较小的新型复合材料，反向支承采用铸铁滑块。门体和埋件主材采用Q235-B。

灌溉闸门采用手电两用螺杆式启闭机操作，启闭容量为50kN，扬程3m。

16.9.4　出口排涝闸门

涵洞的出口侧向设排涝闸门，平时处于关闭状态，向东平湖排涝时先打开排涝闸门，再开启进口工作门。闸门为潜孔式平面滑动钢闸门，孔口尺寸2m×2m，底坎高程36.69m，设计水头4.81m。运用条件为静水启闭。

闸门止水布置在下游侧，侧止水采用P形橡皮，底止水采用条形橡皮；主支承材料采用摩擦系数较小的新型自润滑复合材料，反向支承采用铸铁滑块。门体和埋件主材采用Q235-B。

排涝闸门采用手电两用螺杆式启闭机操作，启闭容量为50kN，扬程3m。

16.9.5　启闭设备控制要求

电动葫芦为现地控制。设有行程限位开关，用于控制闸门的上、下极限位置，具有闸门到位自动切断电路的功能。

固定卷扬启闭机、螺杆式启闭机装有荷载限制器，具有动态显示荷载、报警和自动切断电路功能。当荷载达到90%额定荷载时报警，达到110%额定荷载时自动切断电路，以确保设备运行安全。启闭机装有闸门开度传感器，可以实时测量闸门所处的位置开度，并将信号输出到现地控制柜和远方控制中心，通过数字仪表显示闸门所处的位置。传感器可预置任意位置，实现闸门到位后自动切断电路，启闭机停止运行。启闭机上还装有主令控制器，控制闸门提升的上、下限位置，起辅助保护作用，与开度传感器一起，对启闭机上下极限和重要的开度位置实现双重保护，要求既可现地控制又可实现远方自动化控制。

16.9.6　防腐涂装设计

16.9.6.1　表面处理

门体和门槽埋件需要防腐的部位采用喷砂除锈，喷射处理后的金属表面清洁度等级为：对于涂料涂装应不低于GB 8923—88中规定的Sa2.5级，与混凝土接触表面应达到Sa2级。机械设备采用手工动力除锈，表面除锈等级为Sa3级。

16.9.6.2　涂装材料

（1）闸门采用金属热喷涂保护，金属喷涂层采用热喷涂锌，涂料封闭层采用超厚浆型无溶剂耐磨环氧树脂涂料。

（2）埋件外露表面采用免维护复合钢板，不需要防腐。埋件埋入部分与混凝土结合面，涂刷特种水泥浆（水泥强力胶），既防锈又与混凝土黏结性能良好。

（3）启闭机按水上设备配置 3 层涂料防护，由内向外分别为环氧富锌底漆、环氧云铁防锈漆和氯化橡胶面漆。

金属结构设备主要参数及技术性能见表 16.9－1。

表 16.9－1　　　　　　　　　　金属结构设备主要参数及技术性能表

序号	闸门名称	孔口－设计水头 b×h－H/m （宽×高－水头）	闸门型式	孔数	扇数	闸门				启闭机				
						门重（加重）		埋件						
						单重 /t	共重 /t	单重 /t	共重 /t	型式	容量 /kN	扬程 /m	数量	单重 /t	共重 /t
1	进口检修闸门	2×2.34－2.34	钢闸门	1	1	2	2	1.7	1.7	电动葫芦	50	6	1	1	1
2	进口工作闸门	2×2.4－8.08	钢闸门	1	1	4	4	2	2	固定卷扬机	200	6	1	3.5	3.5
3	出口灌溉闸门	2×2－6.72	钢闸门	1	1	2	2	2.5	2.5	手电两用螺杆机	50	3	1	0.8	0.8
4	出口排涝闸门	2×2－4.81	钢闸门	1	1	2	2	2.5	2.5	手电两用螺杆机	50	3	1	0.8	0.8
	合计					10		8.7							6.1

16.10　电气

16.10.1　电源引接方式

马口闸工程包括进口门（包括检修门、工作门）、出口门（包括灌溉门、排涝门）。进口检修门用电负荷有电动葫芦 1 台（13kW），进口工作门用电负荷为卷扬启闭机 1 台（9kW）；出口灌溉门用电负荷有手电两用螺杆机 1 台（2.2kW），出口排涝门用电负荷有手电两用螺杆机 1 台（2.2kW）。根据供用电设计规范规定，负荷等级确定为三级。主要电气工程量见表 16.10－1。

表 16.10－1　　　　　　　　　　主要电气工程量表

序　号	名　　称	型号规格	单　位	数　量
1	电力电缆	VV22－3×16＋1×10 0.6/1kV	m	80
2	电力电缆	VV22－3×10＋1×6 0.6/1kV	m	60
3	控制电缆	ZR－KVV22	m	500
4	导线	BV－2.5	m	30

序　号	名　称	型号规格	单　位	数　量
5	灯具	36W 日光灯 220V	套	1
	开关	5A 220V	套	1
6	护管	$\phi 32$	m	50
7	护管	$\phi 50$	m	80
8	接地扁钢	$-60 \times 6mm$	m	60
9	垂直接地极	$\phi 50 \times 2500mm$	根	4
10	接地端子		个	2
11	电缆封堵防火材料		kg	50

当地有关部门介绍，马口闸工程附近有（泵站配电室距进口门约70m，泵站配电室距出口门约50m）泵站1座，装有1000kVA和630kVA变压器各1台，具备为马口闸供电的条件，因此，马口闸进口门和出口门电源均由附近泵站配电室引接。

16.10.2　电气设备选择与布置

进口门内安装挂墙配电箱一个，配电箱进线从泵站低压配电室备用回路引接，采用VV22-3×16+1×10电缆直埋，局部穿 $\phi 50$ 钢管暗敷，电动葫芦和螺杆机均在进口闸室内现地控制。

出口门用电负荷有电源从泵站低压配电室备用回路引接，采用VV22-3×10+1×6电缆直埋，局部穿 $\phi 50$ 钢管暗敷，配电箱设在泵房内。

进口闸室设一般照明。

各个闸门自带控制箱，进行简单的常规控制，控制箱在机架本体上。

16.10.3　接地

接地系统以人工接地网和自然接地体相结合的方式。人工接地网设在进、出口闸室周围，自然接地体利用闸门槽及其所连钢筋等接地，两部分接地网通过不少于2处可靠焊接。总接地电阻不大于4Ω，若接地系统的总接地电阻大于4Ω时，可使用高效接地极或降阻剂等方式有效降低接地电阻，直至满足要求。

16.10.4　电缆防火

所有电缆孔洞均应做好防火处理，根据孔洞的大小选择不同的防火材料，比较大的孔洞选用耐火隔板、阻火包和有机防火堵料封堵，小孔洞选用有机防火堵料封堵。

17 马口水闸施工组织设计

17.1 施工条件

17.1.1 工程条件

（1）工程位置、场地条件、对外交通条件。马口闸位于东平湖滞洪区围坝马口村附近，桩号为79+300，由于马口闸年久失修，破损严重，不能满足防洪要求，一旦失事，将给东平湖周边地区造成巨大的经济损失，并对社会稳定产生不利影响。本次工程建设对马口闸进行拆除重建，消除险点隐患。

工程附近场地平坦、开阔，可供利用的施工场地较多，场地布置条件较好。

工程距东平县州城镇约1km，对外交通有州城至彭集接国道105公路，州城至梁山接国道220公路，州城至彭集约20km；至梁山约20km；围坝至州城镇、沙河站镇和彭集均有公路连接，可利用现有的交通网络作为场内外施工交通道路。围坝顶宽8～10m，可作对外交通道路，外来物资经现有公路上围坝运至施工现场，交通条件满足施工要求。

（2）天然建筑材料和当地资源。本次建设项目建筑材料主要为石料、土料。多年的东平湖除险加固工程形成了较为固定的料场，本工程所需块石料及混凝土骨料从后屯北石料场购买，黏土、壤土均从4号土料场开采，该料场位于袁庄、常庄、张圈一带，土料运距约16km。

工程所需其他建筑材料，如水泥、钢材、油料等均可就近从县城采购。

（3）施工供水、供电条件。根据东平湖除险加固工程建设经验，工程施工水源可直接从东平湖老湖抽取，沉淀后供施工使用。生活用水结合当地饮水方式或自行打井解决。

由于马口闸年久失修，破损严重，已有永久供电线路不能满足施工需要，且工程附近现有供电网络为农电，容量有限、接线条件差、供电不可靠，故施工用电采用移动式柴油发电机供电。

（4）工程组成和工程量。马口闸纵轴线与原闸相同，涵闸分为进口段、闸室段、箱涵段、出口竖井段及出口段，总长度104.7m。

马口闸主体工程量见表17.1-1。

表17.1-1　　　　　　　　　　　　马口闸主体工程量表

序　号	工 程 项 目	单　位	工 程 量
一	土方工程		
1	土方开挖	m³	21355
2	土方回填	m³	19704

序 号	工 程 项 目	单 位	工 程 量
3	黏土回填	m³	1189
二	石方工程		
1	混凝土、石方拆除	m³	1582
2	碎石垫层	m³	125
3	浆砌石	m³	452
4	干砌石	m³	143
5	抛石	m³	86
三	混凝土工程		
1	混凝土	m³	574
2	混凝土垫层	m³	23
3	钢筋	t	63
4	高压喷射截渗墙	m	166

17.1.2 自然条件

马口闸位于东平湖老湖入口处，围坝桩号为 79+300。东平湖洪水一方面来自黄河干流，即分蓄黄河洪水；另一方面来自汶河，即调蓄汶河洪水。

黄河下游干流洪水主要来自黄河中游地区，由中游地区暴雨形成，洪水发生时间为 6～10 月。

汶河洪水皆由暴雨形成，属山溪性河流，源短流急，洪水暴涨暴落，洪水历时短，一次洪水总历时一般在 5～6d，洪峰流量年际变差大。汶河干流洪水组成：一般性洪水 60%～70% 来源于汶河北支，30%～40% 来源于汶河南支。

黄河下游属温带大陆性季风气候，工程所在处多年平均气温为 13.5℃，最高气温 41.7℃（1966 年 7 月 19 日），最低气温 −17.5℃（1975 年 1 月 2 日）。多年平均降水量 605.9mm，7～9 月最多，约占全年的 61.9%。最大风速达 21m/s，最大风速的风向多为北风或北偏东风。

马口闸位于大清河进入东平湖老湖入口处，场区地势平坦开阔，交通便利。东平湖滞洪区处于山东丘陵区和华北平原区的相接地带，总的地形趋势是东北高、西南低。

根据地质勘察及土工试验成果，勘探深度内地层除堤身土为人工堆积（Q_4^s）外，其余全部为全新统冲积层（Q_4^{al}），根据其岩性特征可将地层分为 5 层，地层由上至下分别为：

(1) 层人工填土：以褐黄色中—重粉质壤土为主，稍湿，含黏土块，层厚 7.5m 左右。

(2) 层壤土：灰黄色—深灰色，饱和、软塑，局部含棕黄色条纹及云母碎片，层厚 7.5m 左右。

(3) 层中砂：黄褐色—深灰色，饱和、中密，以石英、长石为主，见较多 2mm 以上的石英、长石颗粒，层厚 7m 左右。

（4）层粉质黏土：褐黄色，饱和、硬塑，见棕黄色斑点及黑色斑点，底部夹壤土透镜体，含较多钙质结核，最大长度达5cm，层厚1～8m。

（5）层中砂：黄褐色—深灰色，饱和、中密，以石英、长石为主，该层未揭穿，最大揭露厚度3.5m。

场区地下水为松散岩类孔隙潜水，埋藏于全新统河流冲积砂层中，埋深7～8m，补给来源为大气降水和湖水，排泄出路主要为开采和蒸发。含水层由粗砂、中砂及粉细砂和砂壤土组成，其分布和河床及其古河道有关。渗透系数为：粗砂40～80m/d，中砂20～40m/d，细砂10～20m/d，砂壤土0.5～0.7m/d。浅层地下水无分解类、分解结晶复合类、结晶类等腐蚀作用。

17.2 施工导流及度汛措施

17.2.1 导流标准

马口闸属于1级建筑物，根据《水利水电工程施工组织设计规范》（SL 303—2004）的规定，导流建筑物级别为4级。围堰型式采用均质土围堰，本工程主体建筑物规模小，根据施工进度和施工强度分析，在一个枯期内可以完成，洪水标准为非汛期10年一遇，相应水位为40.24m。

17.2.2 导流方式

施工期水闸两侧无泄水、引水要求，故施工期不需要修建导流泄水建筑物，只需修建挡水建筑物，根据场地和水工布置条件，采用一次拦断，围堰挡水的方式。

17.2.3 导流建筑物设计

围堰采用不过水均质土围堰挡水。堰体采用编织土袋进占，土方填筑，土工膜防渗。临东平湖侧围堰拦洪设计洪水水位为40.24m，超高1.5m，堰顶高程41.74m，最大堰高6.34m，堰顶宽度结合施工交通布置为6m，堰顶轴线长160m；围堰背水面边坡1：2，迎水面边坡1：1.5，迎水面采用编织土袋。相对东平湖侧下游围堰堰体采用土方填筑，围堰与左右平台结合，堰顶高程40.56m，堰顶宽度2m，最大堰高2.56m，堰顶轴线总长13m，背水面坡度1：2，迎水面坡度1：2。

导流建筑物主要工程量见表17.2-1。

表17.2-1　　　　　　　　　　　　导流建筑物主要工程量表

序　号	项目名称	单　位	工　程　量
1	土石填筑料	m³	9200
2	编织土袋	m³	11339
3	土工膜	m²	1931
4	围堰拆除	m³	17458

17.2.4 导流工程施工

围堰填筑从料场取料，临东平湖侧围堰迎水面采用编织土袋进占，人工铺设土工膜，背水侧土料填筑采用1m³挖掘机挖装，10t自卸汽车运输至工作面，74kW推土机平料，14t振动碾碾压；下游围堰迎水面采用编织土袋进占，人工铺设土工膜，背水侧采用1m³

挖掘机挖装，10t 自卸汽车运输至工作面，由机动翻斗车上堰，人工平料，14t 振动碾碾压。

17.2.5 基坑排水

初期排水主要为围堰闭气后进行基坑初期排水，包括基坑积水、基础和堰体渗水、围堰接头漏水、降雨汇水等。初期基坑积水量约为 13100m³，排水时间为 5d，初期排水强度约 110m³/h。经常性排水包括基础和围堰渗水、降雨汇水、施工弃水等，考虑到工程施工特性，强度约 55m³/h。

17.3 料场选择及开采

17.3.1 料场选择

根据工程需要，工程料场分为：黏土、壤土料场和块石、砂石料场。因工程附近河道无天然砂石料，砂石料需从外地购运，料场选择遵循下列原则。

（1）就近选择料场。

（2）保证土、石料质量，储量应满足工程需要。

（3）运输方便、节约投资。

（4）有利于取土场复耕，满足环保要求。

（5）尽量少占用耕地，减少施工征地面积。

根据以上原则，结合工程具体情况，依据工程区附近地形、地质条件，本着土质优、运距近的原则选择取土场，根据多年来东平湖除险加固工程经验，按照地质专业提供料场调查情况，黏土、壤土从 4 号土料场开采，该料场位于袁庄、常庄、张圈一带，土料运距约 16km，料场储量及料源质量满足工程建设需要。

工程区附近河道无天然砂石料，砂石料需从外地购运，工程所需砂石料及块石料均从后屯北石料场购买。料场特性指标见表 17.3-1。

表 17.3-1　　　　　　　　　料场特性指标表

料 场 名 称	需要量/m³	占地面积/m²	平均运距/km
4 号土料场	30541	54200	16
后屯北石料场	1760		40

注　后屯北石料场需要量 1760m³，其中混凝土骨料约为 900m³。

17.3.2 料场开采

土料开采选用 1m³ 液压挖掘机挖装，10t 自卸汽车运输，74kW 推土机配合集料。土料场开采前用 74kW 推土机将表层 30cm 腐殖土推至未开挖区，以备开挖后复耕之用。

17.4 主体工程施工

17.4.1 施工程序

水闸工程基本施工程序为：围堰、基坑排水→老闸拆除→土方开挖→高压喷射截渗墙→水闸混凝土浇筑→闸门、启闭机安装→石方填筑→土方回填→围堰拆除。

17.4.2 老闸拆除

老闸拆除工程主要包括：房屋（砖混）、浆砌石、干砌石及抛石、钢筋混凝土、启闭机等拆除。

钢筋混凝土、浆砌石、干砌石、启闭机房拆等除用液压破碎锤破碎，1m³ 挖掘机挖装，人工辅助，10t 自卸汽车运往土料场回填，运距约 16km。

启闭机、启闭机轨道、闸门、测压管和沉陷杆拆除采用电焊解栓配汽车起重机拆除，人工辅助。

17.4.3 土方开挖

土方开挖用 1m³ 挖掘机挖装，10t 自卸汽车运输，其中有用料运至堤后周转渣场，运距约 300m；弃渣料运至围坝堤后管护地堆存，运距约 1km。

根据水文地质条件，地下水位比闸底板开挖高程高 4.8m 左右，其下为 3.5m 左右的壤土地层，渗透系数为 5.8×10^{-4} cm/s，经基坑涌水计算，施工期涌水量不大，基坑开挖采用缓坡开挖、明排降水方式。

17.4.4 截渗墙施工

高压喷射截渗墙施工采用 150 型钻机，孔径 150mm，孔斜不超过 1‰，水泥采用 42.5 级普通硅酸盐水泥，水泥渗入比不少于 20％。水灰比 1∶1～1.2∶1，再根据现场施工情况进行修正。

孔深达到设计要求后停钻，并将喷射装置水、气、浆三管下至孔底。采用边低压喷射水、气、浆边下管的方式进行，以防外水压力堵塞喷嘴，然后将三管压力提高到设计指标，按预定的提升速度边喷射边提升，由下而上进行高压喷射灌浆。按上述工序喷射第 2 孔，如此顺序进行，形成防渗体。

18 马口水闸工程建设征地及移民安置概算

18.1 概述

马口闸位于济宁市梁山县马口村，属东平湖滞洪区。马口闸修建于20世纪60~70年代，大多已运行40多年，水闸防洪标准不满足要求。在近几年运用中，水闸出现机电设备老化、闸门漏水以及混凝土裂缝、炭化剥落、钢筋锈蚀等现象。为了充分发挥东平湖的蓄滞洪能力，保证山东黄河以及汶河的防洪安全，本次工程的主要加固任务是对马口闸进行改建加固，消除险点隐患。

18.2 工程建设征地实物

18.2.1 调查依据

(1)《水利水电工程建设征地移民安置规划设计规范》（SL 290—2009）。

(2)《水利水电工程建设征地移民实物调查规范》（SL 442—2009）。

(3) 马口排灌涵洞施工总布置图。

18.2.2 调查范围

实物调查范围为马口闸改建工程建设征用地范围，仅涉及临时用地，包括工程施工生产生活区、料场、渣场、施工道路等。

18.2.3 调查内容

马口闸改建工程实物调查内容仅涉及农村部分的土地及地面附属物（零星树）。

18.2.4 调查方法

马口闸改建工程临时用地持1∶2000比例尺地形图，现场查清临时用地涉及村民组的耕地等土地界限；对成片林地以外的田间、地头、路边的所有果木和材树进行逐一调查统计。

18.2.5 实物指标分类及计量标准

(1) 土地。按照《中华人民共和国土地管理法》及山东省实施的《中华人民共和国土地管理法》，本次工程建设项目用地涉及土地为耕地。土地面积的计量单位为亩。

(2) 零星树：以棵计列。

18.2.6 工程占压实物指标调查成果

(1) 土地：马口闸改建工程临时用地包括施工生产生活设施、土料场、渣场、施工道路等占地。用地面积120.83亩（另外19.5亩弃渣场在堤后管护用地，不另外占用地）。工程建设占地均为水浇地。

(2) 零星树：临时用地范围内零星树调查统计为967棵，其中大树483棵，中树290棵，小树194棵。

马口闸改建工程临时用地实物汇总见表 18.2-1。

表 18.2-1　　　　　　　　马口闸改建工程临时用地实物汇总表

序　号	项　　目	单　位	实　物	备　注
一	临时占用村民土地			
1	施工生产生活设施	亩	4.95	
2	壤土料场	亩	81.3	
3	黏土料场	亩		
4	周转渣场	亩	6.75	
5	辛庄村弃渣场	亩	0.83	
6	施工临时便道	亩	27	
小计			120.83	
二	堤防管护土地			
	堤后管护地弃渣场	亩	19.5	不另外征用
合　计			140.33	
三	零星树	棵	967	

18.3　临时用地复垦规划

临时用地指施工生产生活设施、土料场、渣场、施工道路等用地。马口闸改造完工后，临时用地在交还地方前应进行复垦，因此对被工程建设占用的耕地（不含河滩地）全部进行复垦。

土地整治及复垦工作主要是将临时用地范围内取土（料）场、施工生产生活等场地的渣土，根据其地形条件采取削高土填低、连片成方，进行土地清理平整，形成宜于农民手工和农业机械耕作的田块，并通过完善其水利设施配套工程，提高土地质量，建立高产、稳产、高效农业。具体复垦措施如下：

对取土（料）场，首先应进行场地平整，然后将施工单位在施工前剥离的 0.3m 表层土从 50m 外推回至开采后的料场表面，追施有机肥，通过土地整治和土地熟化措施，并考虑一定的生产恢复期，完善其水利设施配套工程及田间道路的复建。

对施工道路、施工生产生活设施等用地，环保部门的要求，及时处理生活区生活垃圾和杂物，待工程施工完成后将生活区、办公、仓库、附属工厂的一些临时房屋和围墙、厕所、水池等设施全部拆除，并清除所有的建筑垃圾、杂物及废弃物，保证地面清洁，然后利用 40kW 拖拉机耕深 20~30cm，耙磨细土，追施有机肥，完善其水利设施配套工程及田间道路的复建。

18.4　投资概算

18.4.1　概算编制依据和原则

18.4.1.1　编制依据

（1）《中华人民共和国土地管理法》，2004 年 8 月。

（2）《山东省实施〈中华人民共和国土地管理法〉办法》，2004 年 11 月 25 日。

（3）山东省人民政府办公厅《关于调整征地年产值和补偿标准的通知》，鲁政办发〔2004〕51号。

（4）国家及山东省有关行业规范和规定等。

18.4.1.2 编制原则

（1）凡国家和地方政府有规定的，按国家和地方政府规定执行，无规定或规定不适用的，依工程实际调查情况或参照类似工程标准执行，地方政府规定与国家规定不一致时，以国家规定为准。

（2）工程建设征地范围内土地及地面附属物等，按补偿标准给予补偿。

（3）概算编制按2012年第三季度物价水平计算。

18.4.2 概算标准确定

概算标准分土地、零星树、坟墓、其他费用及有关税费等。

18.4.2.1 土地补偿补助标准

土地补偿补助标准分耕地、园地等。根据《中华人民共和国土地管理法》、《国务院关于深化改革严格土地管理的决定》、山东省实施《土地管理法》办法并结合工程建设征地区的人口、耕地等资料确定。亩产值及补偿标准确定如下。

（1）耕地：按照鲁政办发〔2004〕51号山东省人民政府办公厅《关于调整征地年产值和补偿标准的通知》执行，该项目水浇地亩产值为1875元。

（2）临时用地补偿标准根据使用期影响作物产值给予补偿。

18.4.2.2 其他补偿费

包括青苗补助费、零星树、土地复垦费等。

（1）青苗费：经分析该工程的临时用地的使用期为一年，不足一年半的按一年半补偿。

（2）零星树：大树55元/株，中树40元/株，小树20元/株。

（3）土地复垦：按照国家发改委批复的2011年实施方案标准执行，包边盖顶料场按1000元/亩计列；压地按600元/亩。临时用地复垦期减产补助按1年产值计算。

18.4.2.3 其他费用

包括前期工作费、勘测设计科研费、实施管理费、技术培训费、监理监测费及咨询服务费。

（1）前期工作费：按2.5万元计列。

（2）勘测设计科研费：按直接费的3万元计列。

（3）实施管理费：按2万元计列。

（4）技术培训费：按农村移民补偿费的0.5%计列。

（5）监理监测费：按直接费的1.5%计列。

（6）咨询服务费：按直接费的0.2%计列。

18.4.2.4 基本预备费

按直接费和其他费用之和的8%计列。

18.4.3 概算投资

2012年黄河下游防洪工程建设征地处理及移民安置规划总投资84.15元，其中农村补偿费71.35万元；其他费用6.57万元；基本预备费6.23万元。

2012 年度黄河下游防洪工程建设占地及移民安置规划概算见表 18.4-1。

表 18.4-1　　　　　　　　马口闸改建工程投资概算表

序号	项目	单位	数量	单价/元	概算/万元
A	农村移民安置补偿费				71.35
一	临时占地补偿		120.83		33.98
1	挖地	亩	81.30	2813	22.87
2	压地	亩	39.53	2813	11.12
二	其他补偿				37.36
1	零星树木补偿		967		4.21
(1)	小树	株	194	20	0.39
(2)	中树	株	290	40	1.16
(3)	大树	株	483	55	2.66
2	土地复垦费		120.83		10.50
(1)	挖地	亩	81.30	1000	8.13
(2)	压地	亩	39.53	600	2.37
3	临时占地复垦期减产补助	亩	120.83	1875	22.66
	以上合计				71.35
B	其他费用				6.57
1	前期工作费				2.50
2	勘测设计科研费				3.00
3	实施管理费				2.00
4	技术培训费				0.357
5	监督费				1.07
6	咨询服务费				0.143
C	基本预备费				6.23
	总投资				84.15

19 马口水闸水土保持评价

19.1 设计依据

(1)《中华人民共和国水土保持法》(2011 年 3 月 1 日)。

(2)《土壤侵蚀分类分级标准》(SL 190—2007)。

(3)《开发建设项目水土保持技术规范》(GB 50433—2008)。

(4)《开发建设项目水土流失防治标准》(GB 50434—2008)。

(5)《造林技术规程》(GB/T 15776—2006)。

(6)《水土保持监测技术规程》(SL 277—2002)。

(7)《开发建设项目水土保持设施验收管理办法》(水利部令第 16 号,2002 年 10 月 16 日发布,2005 年 7 月 8 日以水利部令第 24 号修订)。

(8)《关于规范生产建设项目水土保持监测工作的意见》(水利部办水保〔2009〕187 号)。

(9)《水利部关于划分国家级水土流失重点防治区的公告》(水利部公告 2006 年第 2 号,2006 年 4 月 29 日)。

(10)《山东省人民政府关于发布水土流失重点防治区的通告》(1999 年 3 月 3 日)。

(11)《山东省水土保持设施补偿费、水土流失防治费收取标准和使用管理暂行办法》(1995 年 5 月 22 日山东省物价局、财政厅、水利厅发布)。

19.2 项目及项目区概况

19.2.1 项目概况

马口闸位于东平湖滞洪区,围坝桩号为 79+300,本工程设计任务是对马口闸进出口及洞身段进行拆除重建,建筑物级别为 1 级建筑物。本工程特性见表 19.2-1。

表 19.2-1　　　　东平湖旧闸除险加固工程马口排水闸特性表

一、工程总体概况	
项目名称	东平湖旧闸除险加固工程马口排水闸
建设地点	马口闸位于东平湖滞洪区,东平湖滞洪区坐落在山东省东平、梁山、汶上 3 个县的交界处
建设性质	新建
工程等级	1 级
工程规模	大(1)型
建设单位	山东黄河河务局东平管理局
总投资	总投资 907.55 万元,其中土建投资 277.21 万元
建设工期	本工程总工期 4.5 个月,即从第一年的 2 月开工建设,至当年的 6 月完工

<table>
<tbody>
<tr><td colspan="3" align="center">二、工程组成</td></tr>
</tbody>
</table>

主体工程区	涵闸	涵闸分为进口段（24.0m）、闸室段（8.5m）、箱涵段（45.2m）、出口竖井段（7.0m）、出口段（20m），总长度104.7m，占地面积为0.95hm²
	施工围堰	占地面积为1.61hm²
土料场区		距离工程16km，占地面积为5.42hm²
弃渣场区	堤后管护地弃渣场	占地面积为1.30hm²
	周转渣场	占地面积为0.45hm²
施工生产生活区		包括混凝土生产系统、综合加工厂、施工仓库、机械停放场、施工生活区、施工办公区，占地面积为0.33hm²，建筑面积为1040m²
临时施工道路		总长度为2km，宽度为6m，占地面积为1.80hm²

三、工程占地/hm²

占地性质	项 目		占地面积
永久占地	主体工程区	涵闸	0.95
		小计	0.95
临时占地	主体工程区	施工围堰	1.61
		土料场区	5.42
	弃渣场区	堤后管护地弃渣场	1.30
		周转渣场	0.45
	施工生产生活区		0.33
	临时施工道路区		1.80
	小计		10.91
合 计			11.86

四、工程土石方量（以松方计）

分 区		开挖/m³	回填/m³	外借/m³	弃方/m³
主体工程区	土方	28401	32692	15651	11361
	石方		854	854	
	老闸拆除	1993			1993
	围堰填筑		27317	27317	
	围堰拆除	27317			27317
土料场区	表土	43360	43360		
弃渣场区	周转渣场 表土		1350	1350	
施工生产生活区	表土	990	990		
临时施工道路区	表土	5400	5400		
合 计		108811	111963	43822	40670

由于工程规模及投资较小，工程没有开展可研等前期工作。

19.2.2 工程占地

本工程总占地面积为 11.86hm²，永久占地面积为 0.95hm²，临时占地面积为 10.91hm²。工程施工区相对集中，生产及生活设施根据水闸附近地形条件就近布置，工程施工占地以节约用地为主，尽量减少人为扰动造成的水土流失，满足水土保持要求。工程永久占地为涵闸已征用的堤防用地，临时占地包括施工围堰、施工生产生活区、土料场和渣场，其中堤后管护地弃渣场不另外征地。工程建设占地情况见表 19.2-2。

表 19.2-2　　　　　　　　　工程占地情况表

占地性质	项目		占地面积/hm²				
			小计	水浇地	堤后管护用地	堤防建设用地	河流水面
永久占地	主体工程区	涵闸	0.95			0.95	
	小计		0.95			0.95	
临时占地	主体工程区	施工围堰	1.61				1.61
	土料场		5.42	5.42			
	弃渣场区	堤后管护地弃渣场	1.30		1.30		
		周转渣场	0.45	0.45			
	施工生产生活区		0.33	0.33			
	临时施工道路区		1.80	1.80			
	小计		10.91	8.00	1.30		1.61
合计			11.86	8.00	1.30	0.95	1.61

19.2.3 项目区概况

东平湖区位于黄河下游中段，鲁中南山区和华北平原区交接地带，总的地形趋势是东北高，西南低，地面高程 38.00~41.00m。项目区所在地的地震动峰值加速度为 0.10g，地震动反应谱特征周期为 0.40s，相应的地震基本烈度为 Ⅷ度。东平湖区属于暖温带大陆性半湿润季风气候，四季分明，由于受大陆性季风影响，一般冬春两季多风而少雨雪，夏秋则炎热多雨，秋冬季多偏北风，春夏季以南风为主，最大风力可达 8 级，形成了该区春旱夏涝的自然特点。工程所在处的多年平均气温为 13.5℃，最高气温 41.7℃（1966 年 7 月 19 日），最低气温−17.5℃（1975 年 1 月 2 日）；多年平均降水量 605.9mm；多年平均蒸发量 2089.3mm；最大风速达 21m/s 以上，最大风速的风向为北风；最大冻土深度 35cm。

本工程总工期 4.5 个月，即从第一年的 2 月开工建设，至当年的 6 月完工。因此，水土保持设计水平年为第一年。

19.2.4 水土保持现状

通过对已建的黄河下游近期防洪工程项目的水土保持工程调查、分析，项目区水土保持成功经验包括：水土保持工程必须根据工程建造成水土流失的特点确定，工程弃渣场，重点注重施工过程中弃土的堆放和处理；临时堆土要采取有效的拦挡措施，防止降雨、径流造成的堆土流失；边坡防护要采取植物措施和工程措施，防止坡面水土流失；工程临时占地在施工过程中采取洒水保湿，对空闲地进行适当绿化（一般以植草为主），场地建设临时排水系统，有效排除积水预防面蚀等。

项目所在地区地形平坦，土壤肥沃，农业生产条件得天独厚，是主要的农、副业生产基地。项目区的水土保持主要以人工植被栽培为主体，主要表现为农业植被和林业植被。项目所在地区大面积的植被覆盖降低了滩区的风速，降低土壤沙化，还能够调节地表径流，固结土体。随着项目区的经济林、果林、苗圃、蔬菜、花卉等种植面积逐年增加及黄河下游堤防标准化建设的实施，包括防浪林、行道林、适生林、护堤林、护坡草皮等，起到了很好的水土保持作用，使区域的生态环境、水土流失明显得到改善。

根据《全国第二次土壤侵蚀遥感调查图》，项目区以微度水力侵蚀为主，多年平均土壤侵蚀模数约为 200t/(km² · a)。根据《土壤侵蚀分类分级标准》（SL 190—2007），项目区位于北方土石山区，容许水土流失量为 200t/(km² · a)。根据《水利部关于划分国家级水土流失重点防治区的公告》（中华人民共和国水利部公告 2006 年第 2 号，2006 年 4 月 29 日）和《山东省人民政府关于发布水土流失重点防治区的通告》（1999 年 3 月 3 日），项目区不涉及国家级水土流失重点防治区，属于山东省水土流失重点治理区。

19.2.5　主体工程水土保持分析与评价

主体工程设计了堤防浆砌石护坡、堤坡植草、护堤地种植柳树，土料场区、周转渣场、施工生产生活防治区、临时施工道路防治区的表土剥离、土地复垦措施（包括表土回覆、土地整治及复耕），这些措施具有水土保持功能且满足水土保持的要求，界定为水土保持工程措施。主体已有水保措施工程量为：堤防浆砌石护坡 452m³，堤坡植草 0.26hm²，护堤地种植柳树 81 株，表土剥离 51100m³，土地复垦 8.00hm²；投资为：堤防浆砌石护坡 12.32 万元，堤坡植草 0.05 万元，护堤地种植柳树 1.07 万元，表土剥离 41.59 万元，土地复垦费用 10.45 万元，主体设计水土保持总投资合计为 65.48 万元。另外，主体工程施工组织的设计布置科学合理、施工工艺先进，避开了水土流失相对严重的汛期进行施工，满足水土保持要求。

通过对本工程进行分析，在工程选址、土料场选址、弃渣场选址、施工组织、工程施工、工程管理等方面均不存在水土保持制约性因素，符合水土保持要求。

19.3　水土流失防治责任范围及防治分区

19.3.1　防治责任范围

根据"谁开发谁保护、谁造成水土流失谁负责治理"的原则，凡在生产建设过程中造成水土流失的，都必须采取措施对水土流失进行治理。依据《开发建设项目水土保持方案技术规范》（GB 50433—2008）的规定，结合本工程建设及运行可能影响的水土流失范围，确定该项工程水土流失防治责任范围为项目建设区和直接影响区。

（1）项目建设区。项目建设区主要包括工程永久占地和施工临时占地。

（2）直接影响区。直接影响区是指由于工程建设活动可能对周边区域造成水土流失及危害的项目建设区以外的其他区域，该区域是由项目建设所诱发、可能（也可能不）加剧水土流失的范围，虽然不属于征地范围，如若加剧水土流失应由建设单位进行防治。根据工程施工对周边的影响，确定本工程建设对主体工程区外无影响，将渣场按两侧 5m 计算，其他临时占地区周围外延 2m 范围作为直接影响区范围。

经计算，本工程水土流失防治责任范围面积为 13.11hm²，其中建设区面积为 11.86hm²，直接影响区面积为 1.25hm²。项目建设水土流失防治责任范围情况见表 19.3-1。

表 19.3-1　　　　　　　　　　　水土流失防治责任范围情况表　　　　　　　　　　单位：hm²

序号	项目		项目建设区			直接影响区	合计
			永久占地	临时占地	小计		
1	主体工程区		0.95	1.61	2.56		2.56
2	土料场			5.42	5.42	0.20	5.62
3	弃渣场区	堤后管护地弃渣场		1.30	1.30	0.30	1.60
		周转渣场		0.45	0.45	0.20	0.65
4	施工生产生活区			0.33	0.33	0.15	0.48
5	临时施工道路区			1.80	1.80	0.40	2.20
	合计		0.95	10.91	11.86	1.25	13.11

19.3.2　防治分区

根据工程类型及特点，结合防治分区的划分原则，将该工程水土流失防治区分为：主体工程防治区、土料场防治区、弃渣场防治区、施工生产生活防治区、临时施工道路防治区，见表 19.3-2。

表 19.3-2　　　　　　　　　　　水土流失防治分区及特点表

名称	区域特点
主体工程防治区	施工过程中基础开挖和填筑时开挖面和临时堆土容易产生风蚀和水蚀，施工围堰的修筑容易产生水蚀，开挖废料在运往弃渣场堆弃的过程中容易产生风蚀
土料场防治区	临时堆土和开采后边坡容易产生风蚀和水蚀
弃渣场防治区	临时堆土和弃渣表面容易产生风蚀和水蚀
施工生产生活防治区	施工期生产工作繁忙，施工人员流动较大，施工活动对原地表扰动剧烈
临时施工道路防治区	车辆碾压及人为活动频繁，路面扰动程度较大，大风天气的风蚀和降雨后的水蚀作用明显

19.4　水土流失预测

项目建设将会改变原有的地形地貌和植被覆盖，各种施工活动会改变原有的土体结构，致使建设区土壤抗侵蚀能力降低、土壤侵蚀加速，进而增加水土流失。不同施工区域造成的水土流失的影响因素有较明显的差别，产生水土流失的形式及流失量亦有所不同，因此应分类分区分时段进行水土流失预测，并根据预测提出不同的防护措施，减少水土流失，保证工程的正常运行。

19.4.1　预测时段

通过对本工程建设和工程运行期间可能造成的水土流失情况分析，确定工程建设所造成的新增水土流失预测时段分施工期和自然恢复期两个时段。水土流失预测方法首先是针对该项施工期和运行期可能产生水土流失的特点和形式进行分析，然后根据查阅主体工程设计相关资料，结合现场调查勘测等方法进行综合统计分析，最终得出预测结果。

施工期预测时段根据主体工程施工工期而定，包含施工准备期和施工期，按最不利条件确定预测时段，超过雨季长度不足1年的按全年计，未超过雨季长度的按占雨季长度的比例计算。本工程总工期4.5个月，其中准备期1.0个月，主体工程工期3.0个月，完建期0.5个月，因此，本项目施工期预测时段按1年计。施工结束后，表层土体结构逐渐稳定，在不采取相应的水土保持防护措施作用下植被亦能够自然恢复，水土流失程度逐渐降低，经过一段时间恢复可达到新的稳定状态。根据黄河下游近期防洪工程水土保持监测资料并结合当地自然因素分析确定，施工结束1年后项目区的植被能够逐渐恢复至原本状态。因此，自然恢复期水土流失预测时段定为1年。

19.4.2 预测内容

根据《开发建设项目水土保持技术规范》（GB 50433—2008）的规定，结合该工程的特点，水土流失分析预测的主要内容有：

（1）扰动地表面积预测。

（2）可能产生的弃渣量预测。

（3）损坏水土保持设施数量预测。

（4）可能造成的水土流失量预测。

（5）可能造成的水土流失危害预测。

19.4.3 扰动地表面积

根据主体工程设计，结合项目区实地踏勘，对工程施工过程中占压土地的情况进行测算和统计得出：本工程扰动地表总面积10.25hm²，其中水浇地8.00hm²、堤后管护用地1.30hm²，堤防建设用地0.95hm²。

19.4.4 弃渣量

工程弃土弃渣量的预测主要采用分析主体工程施工组织设计的土石方开挖量、填筑量、土石方调配、挖填平衡及水土保持专业的分析等，以充分利用开挖土石方为原则。本工程弃土弃渣主要来源于基础开挖、老闸拆除和围堰拆除等。以松方计，本工程开挖土方108811m³，回填方为111963m³，外借方为43822m³，弃方为40670m³，废弃土方和围堰拆除的弃土运往堤后管护地弃渣场，老闸拆除产生的弃方运往土料场进行填埋。工程土石方情况见表19.4-1。

表 19.4-1　　　　　　　　　工程土石方情况表　　　　　　　单位：m³

分　区	项目	开挖	回填	外借		废弃	
				数量	来源	数量	去向
主体工程区	土方	28401	32692	15651	土料场	11361	堤后管护地弃渣场
	石方		854	854	外购		
	老闸拆除	1993				1993	土料场
	围堰填筑		27317	27317	壤土料场		
	围堰拆除	27317				27317	堤后管护地弃渣场

分 区		项目	开挖	回填	外借		废弃	
					数量	来源	数量	去向
土料场		表土	43360	43360				
弃渣场	周转渣场	表土	1350	1350				
施工生产生活区		表土	990	990				
临时施工道路区		表土	5400	5400				
合计			108811	111963	43822		40670	

19.4.5 损坏水土保持设施数量

通过实地查勘和对占地情况的分析，工程永久占地为涵闸已征用的堤防用地，新增临时占地包括施工围堰、施工生产生活区、土料场和弃渣场。本工程占地类型为水浇地、堤后管护用地、堤防建设用地及河流水面，根据《山东省水土保持设施补偿费、水土流失防治费收取标准和使用管理暂行办法》（1995年5月22日山东省物价局、财政厅、水利厅发布），本工程未占用水土保持设施。

19.4.6 可能造成的水土流失量

通过对建设类项目施工特点的分析，在工程施工期，施工活动使区域植被受到不同程度的破坏，使土地原有的抗侵蚀能力下降，同时由于人为活动频繁，从而使土壤侵蚀强度增大。工程进入运行期后，地表植被逐渐得到恢复，水土流失逐渐接近自然状态，土壤侵蚀强度降低。因此，在水土流失预测时必须分别计算施工准备期、施工期、自然恢复期的水土流失量，水土流失量的预测采用以下公式：

$$W = \sum_{i=1}^{n} \sum_{k=i}^{3} F_i M_{ik} T_{ik}$$

式中　W——扰动地表水土流失量，t；

　　　i——预测单元（1，2，3，…，n）；

　　　k——预测时段，1，2，3指施工准备期、施工期、自然恢复期；

　　　F_i——第i个预测单元面积，km^2；

　　　M_{ik}——扰动后不同预测单元不同时段的土壤侵蚀模数，$t/(km^2 \cdot a)$；

　　　T_{ik}——扰动时段，年。

新增水土流失预测采用下列公式：

$$\Delta W = \sum_{i=1}^{n} \sum_{k=1}^{3} F_i \Delta M_{ik} T_{ik}$$

式中　ΔW——扰动地表新增水土流失量，t；

　　　i——预测单元（1，2，3，…，n）；

　　　k——预测时段，1，2，3指施工准备期、施工期、自然恢复期；

　　　F_i——第i个预测单元面积，km^2；

　　　ΔM_{ik}——不同预测单元不同时段新增土壤侵蚀模数，$t/(km^2 \cdot a)$；

　　　T_{ik}——扰动时段，年。

根据山东省第二次土壤侵蚀遥感调查成果，项目区水土流失侵蚀类型主要以水力侵蚀为主，属于微度水力侵蚀，侵蚀模数背景值平均为200t/(km² · a)。

工程扰动后的建设期土壤侵蚀模数和自然恢复期土壤侵蚀模数的确定，采取类比工程和实地调查相结合的方法，选择黄河下游近期防洪工程作为类比工程，其类比工程的地形、地貌、土壤、植被、降水等主要影响因子与本工程相似，具有可比性。施工准备期较短，与施工期合并进行水土流失预测。水土流失预测时段与面积见表19.4-2。

表 19.4-2 水土流失预测时段与面积表

序号	项目		预测时段/年		预测面积/hm²	
			施工期	自然恢复期	施工期	自然恢复期
1	主体工程区		1		0.95	
2	土料场		1		5.42	
3	弃渣场区	堤后管护地弃渣场	1	1	1.30	1.30
		周转渣场	1		0.45	
4	施工生产生活区		1		0.33	
5	临时施工道路区		1		1.80	

通过经验公式预测，本工程可能产生的水土流失总量为550t，其中水土流失背景值为19t，新增水土流失总量为531t；工程施工期水土流失537t，自然恢复期13t。本工程水土流失量预测情况见表19.4-3。

表 19.4-3 水土流失量预测情况表

预测单元		预测时段	土壤侵蚀背景值/[t/(km² · a)]	扰动后侵蚀模数/[t/(km² · a)]	侵蚀面积/hm²	侵蚀时间/年	背景流失量/t	预测流失量/t	新增流失量/t
主体工程区		施工期	200	3000	0.95	1	2	29	27
		小计					2	29	27
土料场		施工期	200	6000	5.42	1	11	325	314
		小计					11	325	314
弃渣场区	堤后管护地弃渣场	施工期	200	7000	1.30	1	3	91	88
		自然恢复期	200	1000	1.30	1	3	13	10
	周转渣场	施工期	200	6000	0.45	1	1	27	26
	小计						6	131	125
施工生产生活区		施工期	200	3500	0.33	1	1	12	11
		小计						12	12
临时施工道路区		施工期	200	3000	1.80	1	4	54	50
		小计						54	54
合计							19	550	531

19.4.7 水土流失危害预测

工程建设过程中，不同程度的扰动破坏了原地貌、植被，降低了其水土保持功能，加剧了土壤侵蚀，对原本趋于平衡的生态环境造成了不同程度破坏，如果不采取有效的水土保持防治措施，将对区域土地生产力、生态环境、水土资源利用、防洪工程等造成不同程度的危害。该项目为堤防加固和穿堤建筑物改建工程，工程建设对滩区生态环境影响较大，建设造成的水土流失如不加以处理将对该地区生态环境造成较大的破坏，同时也会影响堤防本身的安全。在施工建设过程中，边坡及基础开挖、施工生产生活区布设、料场开采、施工道路修建会对原地貌和地表结构造成破坏，加重水土流失。弃渣沿大堤堆放，若不采取防治措施在暴雨的作用下容易发生冲蚀，可能会造成农田灌溉系统的淤塞从而影响农业生产。

19.4.8 预测结果和指导意见

本工程建设扰动地表面积为 10.25hm²，没有损坏水土保持设施，建设过程中弃渣总量为 40670m³。经预测计算，工程建设如果不采取水土流失防治措施，新增水土流失量为 531t。

通过对工程建设中可能产生的水土流失进行预测分析，工程建设过程中不可避免的会产生人为因素的水土流失，因此要根据预测结果有针对性地布设水土流失预防和治理措施，使水土保持措施与主体工程同时建设、同时投入运行，把因工程建设引起的水土流失降到最低点。施工期是项目建设过程中水土流失的重点时期，弃渣场和土料场是项目建设过程中水土保持的重点区域，水土保持措施布设和监测工作开展也应以施工期的这些区域为主。

19.5 水土保持措施设计

19.5.1 防治原则

本着"预防为主、保护优先、全面规划、综合治理、因地制宜、突出重点、科学管理、注重效益"的水土保持工作方针，以"谁开发，谁保护，谁造成水土流失，谁治理"为基本原则。与此同时，坚持突出重点与综合防治相结合，坚持水土保持工程必须与主体工程同时设计、同时施工、同时投产使用、生态优先等原则。水土保持工作应以控制水土流失、改善生态环境、服务主体工程为重点，因地制宜地布设各类水土流失防治措施，全面控制工程及其建设过程中可能造成的新增水土流失，恢复和保护项目区内的植被和其他水土保持设施，有效治理防治责任范围内的水土流失，绿化、美化、优化项目区生态环境，促进工程建设和生态环境协调发展。

19.5.2 防治目标

项目区位于山东省水土流失重点治理区，根据《开发建设项目水土流失防治标准》（GB 50434—2008），确定该项目执行国家建设类项目水土流失防治二级标准。项目区降雨量为 605.9mm，土壤侵蚀强度为微度，位于黄河冲积平原区。经调整后，到设计水平年各防治目标值应达到扰动土地整治率 95%、水土流失总治理度 86%、土壤流失控制比 1.0、拦渣率 95%、林草植被恢复率 96%、林草覆盖率 13%。水土流失防治标准计算见表 19.5-1。

表 19.5-1 水土流失防治标准计算表

防治指标	标准规定	按降水量修正	按土壤侵蚀强度修正	按项目占地情况修正	采用标准
扰动土地整治率/%	95				95
水土流失总治理度/%	85	+1			86
土壤流失控制比	0.7		+0.3		1.0
拦渣率/%	95				95
林草植被恢复率/%	95	+1			96
林草覆盖率/%	20	+1		-8	13

注 项目区占地类型以水浇地为主,水土保持措施实施后,林草植被面积仅为堤后管护地弃渣场的占地面积,其余均为水浇地,因此,林草覆盖率调整为13%。

19.5.3 防治措施

根据主体工程施工情况,已有水保措施包括主体工程防治区的堤防浆砌石护坡、堤坡植草、护堤地种植柳树,土料场区、周转渣场、施工生产生活防治区、临时施工道路防治区的表土剥离、土地复垦(包括表土回覆、土地整治、复耕)等措施,新增水土保持措施包括渣场绿化、草袋土临时拦挡、纤维布临时覆盖、临时土质排水沟、挡水土埂等。施工前应将表层耕作土进行剥离,施工已考虑;施工完成后,应进行土地复垦措施,移民规划设计中已考虑,水保仅考虑表土的临时防护措施。

(1)主体工程区。主体工程设计的工程措施和植物措施已满足水土保持的要求,该区不再新增水土保持措施。

(2)土料场防治区。本工程土料场地类以耕地为主,土料场水土保持措施布局为:料场周围边缘修筑挡水土埂;施工过程中对临时堆放表土进行纤维布临时覆盖、袋装土临时拦挡以及临时排水措施。

(3)弃渣场防治区。弃渣场包括堤后管护地弃渣场和周转渣场。堤后管护地弃渣场的水土保持措施包括渣场整治后采用灌草结合的方式进行绿化,灌木选择紫穗槐,草本选择狗牙根;周转渣场水土保持措施包括施工过程中对临时堆放表土进行纤维布临时覆盖、袋装土临时拦挡以及临时排水措施。

(4)施工生产生活防治区。该区水土保持措施布局为:施工过程中对临时堆放表土进行纤维布临时覆盖、袋装土临时拦挡以及临时排水措施。

(5)临时施工道路防治区。该工程临时施工道路路面宽6m,路面结构为改善土路面,该区水土保持措施布局为:施工过程中对临时堆放表土进行纤维布临时覆盖、袋装土临时拦挡以及临时排水措施。

水土流失防治措施体系见图 19.5-1。

19.5.4 水土保持措施典型设计

19.5.4.1 土料场防治区

(1)临时措施。

1)袋装土临时拦挡。为防止和减小降雨和径流造成的水土流失,对临时堆存的剥离表土采取袋装土临时拦挡措施。临时拦挡措施采用填筑袋装土布设在表土的四周,袋装土

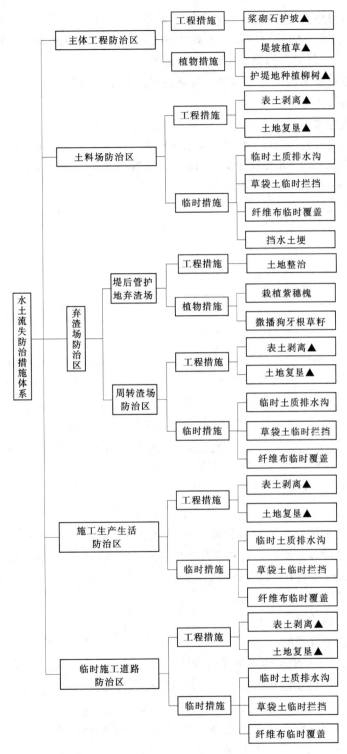

图 19.5-1 水土流失防治措施体系图

注：▲为主体已有的水保措施。

土源直接取用临时堆存表土，施工结束后对临时措施进行拆除。袋装土按照两层摆放，为保证稳定，底层袋装土的纵向应垂直于堆土放置，土袋采用 0.80m×0.50m×0.25m 规格。经计算，袋装土临时拦挡措施工程量 0.03 万 m³。

2）纤维布临时覆盖。该区临时堆土表土需采用纤维布进行临时覆盖，纤维布临时覆盖面积为 0.87hm²。

3）临时土质排水沟。土料场防治区周围设置临时排水沟，对该区域汇水进行疏导，减少降水对该区的侵蚀。临时排水沟采用土沟形式、内壁夯实，断面采用梯形断面，断面底宽 0.4m，沟深 0.4m，边坡比 1:1。排水沟长度 1013m，经计算，土方开挖 0.03 万 m³。临时排水沟设计见图 19.5-2。

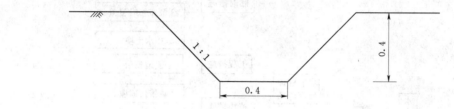

图 19.5-2　临时排水沟设计图（单位：m）

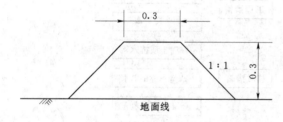

图 19.5-3　临时挡水埂设计图（单位：m）

4）挡水土埂。为防止降雨时土料场周围的汇水携带泥沙流入、冲刷取土坑内，在土料场外侧人工修筑高 0.3m，顶面宽 0.3m，边坡为 1:1 的临时挡水埂，见图 19.5-3。经计算，临时挡水土埂措施工程量为 0.02 万 m³。

（2）其他要求。耕作层的表土对于施工结束后的复耕工作意义重大，施工专业已经设计表土剥离措施，土地复垦措施由移民专业设计，水保不再重复设计，仅提出要求。老闸拆除产生的弃渣要在土料场进行填埋，弃渣平铺，并进行层层压实，施工开挖土料前需将表层 0.8m 的耕作土进行剥离，并注意生土、熟土分开堆放，做好临时防护措施，为施工结束后恢复耕地做准备。

19.5.4.2　弃渣场防治区

（1）堤后管护地弃渣场。

1）工程措施。堤后管护地弃渣场堆渣完毕后，需进行土地整治，采用推土机平整至顶面坡度小于 5°，为渣场绿化做准备。土地整治面积为 1.30hm²。

2）植物措施。①栽植紫穗槐。弃渣场完成土地整治后，对坡面和平台进行绿化。渣场绿化采用灌草混交，灌木选择紫穗槐，行间距为 2m×2m，经计算，共需紫穗槐苗木 6118 株。②撒播狗牙根草籽。草籽选用狗芽根，撒播密度为 40kg/hm²。经计算，撒播种草 98kg。

3）其他要求。渣场弃土要分层堆放，弃土层层压实，离渣顶 30cm 时渣土平铺即可，无需压实，为渣场绿化做准备。

（2）周转渣场。

1）临时措施。①袋装土临时拦挡。为防止和减小降雨和径流造成的水土流失，对临时堆存的剥离表土采取袋装土临时拦挡措施。临时拦挡措施采用填筑袋装土布设在表土的四周，袋装土土源直接取用临时堆存表土，施工结束后对临时措施进行拆除。袋装土按照两层摆放，为保证稳定，底层袋装土的纵向应垂直于堆土放置，土袋采用 0.80m×0.50m×0.25m 规格。经计算，袋装土临时拦挡措施工程量 20m³。②纤维布临时覆盖。该区临时堆土表土需采用纤维布进行临时覆盖，纤维布临时覆盖面积为 0.03hm²。③临时土质排水沟。该区临时堆土周围设置临时排水沟，对该区域汇水进行疏导，减少降水对该区侵蚀。临时排水沟采用土沟形式、内壁夯实，断面采用梯形断面，断面底宽 0.4m，沟深 0.4m，边坡比 1:1。排水沟长度 76m，经计算，土方开挖 0.002 万 m³。

2）其他要求。施工专业已经设计表土剥离措施，土地复垦措施由移民专业设计，水保不再重复设计，仅提出要求。堆渣前，需将表层 0.3m 的耕作土进行剥离，堆放在该区空地上，水保设计临时防护措施，为施工结束后恢复耕地做准备。

19.5.4.3 施工生产生活防治区

（1）临时措施。

1）袋装土临时拦挡。为防止和减小降雨和径流造成的水土流失，对临时堆存的剥离表土采取袋装土临时拦挡措施。临时拦挡措施采用填筑袋装土布设在表土的四周，袋装土土源直接取用临时堆存表土，施工结束后对临时措施进行拆除。袋装土按照两层摆放，为保证稳定，底层袋装土的纵向应垂直于堆土放置，土袋采用 0.80m×0.50m×0.25m 规格。经计算，袋装土临时拦挡措施工程量 0.01 万 m³。

2）纤维布临时覆盖。该区临时堆土表土需采用纤维布进行临时覆盖，纤维布临时覆盖面积为 0.02hm²。

3）临时土质排水沟。该区临时堆土周围设置临时排水沟，对该区域汇水进行疏导，减少降水对该区的侵蚀。临时排水沟采用土沟形式、内壁夯实，断面采用梯形断面，断面底宽 0.4m，沟深 0.4m，边坡比 1:1。排水沟长度 255m，经计算，土方开挖 0.01 万 m³。

（2）其他要求。施工专业已经设计表土剥离措施，土地复耕措施由移民专业设计，水保不再重复设计，仅提出要求。施工前，需将表层 0.3m 的耕作土进行剥离，堆放在该区空地上，水保设计临时防护措施，为施工结束后恢复耕地做准备。

本项目新增水土保持措施工程量见表 19.5-2。

表 19.5-2　　　　　　　　　新增水土保持措施工程量表

序　号	项　目　名　称	单　位	工　程　量
一	土料场防治区		
（一）	临时措施		
1	临时土质排水沟	万 m³	0.03
2	纤维布临时覆盖	hm²	0.87

序 号	项 目 名 称	单 位	工 程 量
3	袋装土临时拦挡		
3.1	袋装土填筑	万 m³	0.03
3.2	袋装土拆除	万 m³	0.03
4	挡水土埂	万 m³	0.02
二	渣场防治区		
（一）	堤后管护地弃渣场		
1	工程措施		
1.1	土地整治	hm²	1.30
2	植物措施		
2.1	栽植紫穗槐	株	6118
2.2	撒播狗牙根草籽	kg	98
（二）	周转渣场		
1	临时措施		
1.1	临时土质排水沟	万 m³	0.002
2	纤维布临时覆盖	hm²	0.03
2.1	袋装土临时拦挡		
2.1.1	袋装土填筑	万 m³	0.002
2.1.2	袋装土拆除	万 m³	0.002
三	施工生产生活防治区		
（一）	临时措施		
1	临时土质排水沟	万 m³	0.01
2	纤维布临时覆盖	hm²	0.02
3	袋装土临时拦挡		
3.1	袋装土填筑	万 m³	0.01
3.2	袋装土拆除	万 m³	0.01
四	临时施工道路防治区	万 m³	
（一）	临时措施		
1	临时土质排水沟	万 m³	0.01
2	纤维布临时覆盖	hm²	0.11
3	袋装土临时拦挡		
3.1	袋装土填筑	万 m³	0.01
3.2	袋装土拆除	万 m³	0.01

19.5.5 施工进度安排

根据水土保持"三同时"制度，规划的各项防治措施应与主体工程同时进行，在不影响主体工程施工的基础上，尽可能早施工、早治理，减少项目建设期的水土流失量，最大限度地防治水土流失。本项目水土保持工程施工主要遵循下列原则。

（1）按照"三同时"原则，坚持预防为主，及时防治，实施进度和位置与主体工程协调一致。

（2）永久性占地区工程措施坚持"先防护后施工"原则，及时控制施工过程中的水土流失。

（3）临时占地使用完毕后需及时拆除并进行场地清理整治的原则。

（4）植物措施根据工程进度及时实施的原则。

参照主体工程施工进度及各项水保措施的工程量，安排本水土保持工程实施进度：工程措施措施和临时措施与主体工程同步实施；植物措施须根据植物的生物学特性，选择工程完工当年的适宜季节实施，滞后于主体工程。

19.6 水土保持监测

水土保持监测是从保护水土资源和维护良好生态环境出发，运用多种手段和办法，对水土流失的成因、数量、强度、影响范围和后果进行监测，是防治水土流失的一项基础性工作，它的开发对于贯彻水土保持法规，搞好水土保持监督管理工作具有十分重要的意义。

根据《水土保持监测技术规程》（SL 227—2002），该项目水土保持监测主要是对工程施工中水土流失量及可能造成的水土流失危害进行监测；水土保持措施实施后主要监测各类防治措施的水土保持效益。

19.6.1 监测时段与频次

本项目水土保持监测时段从施工期开始至设计水平年结束，主要监测时段为工程建设期。工程建设期内汛期每月监测 1 次，非汛期每 2 个月监测 1 次，24h 降雨量不小于25mm 增加监测次数。本工程施工期结束后，至设计水平年监测 1 次。

19.6.2 监测内容

水土保持监测的具体内容要结合水土流失 6 项防治目标和各个水土流失防治区的特点，主要对施工期内造成的水土流失量及水土流失危害和运行期内水土保持措施效益进行监测。

（1）项目区土壤侵蚀环境因子状况监测，内容包括：影响土壤侵蚀的地形、地貌、土壤、植被、气象、水文等自然因子及工程建设对这些因子的影响；工程建设对土地的扰动面积，挖方、填方数量及面积，弃土、弃石、弃渣量及堆放面积等。

（2）项目区水土流失状况监测，内容包括：项目区土壤侵蚀的形式、面积、分布、土壤流失量和水土流失强度变化情况，以及对周边地区生态环境的影响，造成的危害情况等。

（3）项目区水土保持防治措施执行情况监测，主要是监测项目区各项水土保持防治措施实施的进度、数量、规模及其分布状况。

（4）项目区水土保持防治效果监测，重点是监测项目区采取水保措施后是否达到了开发建设项目水土流失防治标准的要求。监测的内容主要包括水土保持工程措施的稳定性、完好程度和运行情况；水土保持生物措施的成活率、保存率、生长情况和覆盖度；各项防治措施的拦渣、保土效益等。

为了给项目验收提供直接的数据支持和依据，监测结果应把项目区扰动土地治理率、水土流失治理度、土壤流失控制比、拦渣率、植被恢复系数和林草植被覆盖率等衡量水土流失防治效果的指标反映清楚。

19.6.3　监测点布设

根据本工程可能造成水土流失的特点及水土流失防治措施，初步拟定 4 个监测点，主体工程防治区 1 处，渣场防治区 2 处（堤后管护地弃渣场、周转渣场各 1 处），土料场防治区 1 处。其中重点监测地段为弃渣场防治区和土料场防治区。

19.6.4　监测方法及设备

水土保持监测的主要方法是结合工程施工管理体系进行动态监测，并根据实际情况采用定点定位监测，监测沟道径流及泥沙变化情况，从中判断水土保持措施的作用和效果。其中对各项量化指标的监测需要选定不同区域具有代表性的地段或项目进行不同时段的监测。

简易监测小区建设尺寸按照《水土保持监测技术规程》（SL 227—2002）标准小区规定根据实际地形调整确定。监测小区需要配备的常规监测设备包括自记雨量计、坡度仪、钢卷尺和测钎等耗材，调查监测需配备便携式 GPS 机。

19.6.5　监测机构

按照《水土保持监测技术规程》（SL 227—2002）的要求，水土保持监测应委托具有相应水保监测资质和监测经验的单位进行。对每次监测结果进行统计分析，做出简要评价。监测工作全部结束后，对监测结果做出综合评价与分析，编制监测报告。水土保持监测成果应能核定建设过程及完工后 6 项防治目标的实现情况并指导施工，水土保持监测成果报告应满足水土保持专项验收要求。监测结果要定期上报建设单位和当地水行政主管部门，作为当地水行政主管部门监督检查和验收达标的依据之一。

19.7　水土保持投资概算

19.7.1　编制原则

水土保持投资概算按照现行部委颁布的有关水利工程概算的编制办法、费用构成及计算标准，并结合工程建设的实际情况进行编制。主要材料价格、价格水平年与主体工程一致，水土保持补偿费按照山东省相关规定计算，人工费按六类地区计算。

19.7.2　编制依据

（1）《开发建设项目水土保持工程概（估）算编制规定》（水利部水总〔2003〕67 号）。

（2）《开发建设项目水土保持工程概算定额》（水利部水总〔2003〕67 号）。

（3）《关于开发建设项目水土保持咨询服务费用计列的指导意见》（水保监〔2005〕22 号）。

（4）《国家发展计划委员会关于加强对基本建设大中型项目概算中"价差预备费"管理有关问题的通知》（国家发展计划委员会计投资〔1999〕1340 号文）。

（5）《山东省水土保持设施补偿费、水土流失防治费收取标准和使用管理暂行办法》

（1995 年 5 月 22 日山东省物价局、财政厅、水利厅发布）。

19.7.3 费用构成

根据《开发建设项目水土保持工程概（估）算编制规定》（水利部水总〔2003〕67号），水土保持投资概算费用构成为：工程费（工程措施费、植物措施费、临时措施费），独立费用（建设管理费、工程建设监理费、勘测设计费、水土保持监测费、水土保持设施竣工验收费、水土保持技术咨询服务费），预备费（基本预备费），水土保持设施补偿费。

（1）工程措施、植物措施和临时措施。水土保持工程措施、植物措施、临时措施的工程单价由直接工程费、间接费、企业利润和税金组成。工程单位各项的计算或取费标准如下：

1）直接工程费，按直接费、其他直接费、现场经费之和计算。

直接费：按照《水土保持工程概算定额》计算。

其他直接费：工程措施、临时措施取直接费的 2.7%，植物措施取直接费的 1.7%。

现场经费：工程措施、临时措施取直接费的 5%，植物措施取直接费的 4%。

2）间接费，工程措施、临时措施取直接费的 5%，植物措施取直接费的 3%。

3）企业利润。工程措施按直接工程费与间接费之和的 7% 计算，植物措施按直接工程费与间接费之和的 5% 计算。

4）税金。根据《关于调整山东省建设工程税金计算办法的通知》（2005 年 7 月 29日），本工程税金取 3.25%。

（2）临时防护工程。水土保持已规划的施工临时工程（如临时排水设施、临时拦挡设施等），按设计方案的工程量乘单价计算，其他临时工程费按"第一部分工程措施"与"第二部分植物措施"投资之和的 2.0% 计算。

（3）独立费用。独立费用包括建设管理费、工程监理费、勘测设计费、水土保持监测费、水土保持技术咨询服务费和水土保持设施竣工验收费。

1）建设管理费。按工程措施投资、植物措施投资和临时工程投资三部分之和的 2% 计算。

2）工程监理费。本工程水土保持工程建设监理合并入主体工程监理内容，水土保持工程建设监理费与主体工程建设监理费合并使用，不再单独计列。

3）勘测设计费。参考《关于开发建设项目水土保持咨询服务费用计列的指导意见》（水保监〔2005〕22 号）计取。

4）水土保持监测费。参考《关于开发建设项目水土保持咨询服务费用计列的指导意见》（水保监〔2005〕22 号）和《开发建设项目水土保持工程概（估）算编制规定》（水利部水总〔2003〕67 号）计取。

5）水土保持技术咨询服务费。参考《关于开发建设项目水土保持咨询服务费用计列的指导意见》（水保监〔2005〕22 号）计取。

6）水土保持设施竣工验收费。水土保持设施竣工验收费与主体工程竣工验收费合并使用，不再单独计列。

（4）预备费。基本预备费：根据《开发建设项目水土保持工程概（估）算编制规定》（水利部水总〔2003〕67 号），基本预备费按水土保持工程措施投资、植物措施投资、临时工程投资和独立费用四部分之和的 3.0% 计算。

价差预备费：根据《国家计委关于加强对基本建设大中型项目概算中"价差预备费"管理有关问题的通知》，水土保持概算投资不计列价差预备费。

（5）水土保持设施补偿费。根据《山东省水土保持设施补偿费、水土流失防治费收取标准和使用管理暂行办法》（1995 年 5 月 22 日山东省物价局、财政厅、水利厅发布），本工程未占用水土保持设施，不涉及水土保持设施补偿费。

19.7.4 概算结果

经计算，新增水土保持总投资为 26.60 万元，其中工程措施费 4.59 万元，植物措施费 2.75 万元，临时工程措施费 6.70 万元，独立费用 11.78 万元，基本预备费 0.77 万元，见表 19.7 - 1。

表 19.7 - 1　　　　新增水土保持投资概算表　　　　单位：万元

序号	工程或费用名称	水土保持措施投资					合计
		建安工程费	植物措施费		设备费	独立费用	
			栽（种）植费	苗木、种子费			
第一部分	工程措施						4.59
一	弃渣场防治区	4.59					4.59
第二部分	植物措施						2.75
一	弃渣场防治区		1.65	1.10			2.75
第三部分	临时措施						6.70
一	土料场防治区	4.73					4.73
二	弃渣场防治区	0.22					0.22
三	施工生产生活区	0.55					0.55
四	临时施工道路防治区	1.06					1.06
五	其他临时工程	0.15					0.15
	第一至第三部分之和						14.05
第四部分	独立费用					11.78	11.78
一	建设管理费					0.28	0.28
二	科研勘测设计费					5.00	5.00
三	水土保持监测费					5.50	5.50
四	水土保持技术咨询服务费					1.00	1.00
	第一至第四部分合计						25.83
	基本预备费						0.77
	静态总投资						26.60
	水土保持补偿费						0.00
	总投资						26.60

19.7.5 效益分析

水土保持各项措施的实施，可以预防或治理开发建设项目因工程建设造成的水土流失，这对于改善当地生态经济环境，保障下游水利工程安全运营都具有极其重要的意义。水土保持各项措施实施后的效益，主要表现为生态效益、社会效益和经济效益。

（1）水土保持预期防治目标分析。水土保持工程实施后，通过原主体工程设计的防护措施和新增的水土保持措施，项目区水土流失可以得到有效的控制。水土保持措施全部起作用后，造成的水土流失面积基本得到治理，通过预测计算六项指标均达到防治目标值。治理目标预测分析详见表 19.7－2。

表 19.7－2　　　　　　本工程水土保持综合治理目标分析表

序号	分析指标	目标值/%	评估依据	单位	数量	计算值/%	评估结果
1	扰动土地整治率	95	水保措施面积＋建筑物面积	hm²	10.25	100	达标
			扰动地表面积	hm²	10.25		
2	水土流失总治理度	86	水保措施面积	hm²	9.30	91	达标
			水土流失总面积	hm²	10.25		
3	土壤流失控制比	1.0	项目区容许土壤流失量	t/(hm²·a)	200	1.0	达标
			水保措施实施后土壤流失强度	t/(hm²·a)	200		
4	拦渣率	95	实际拦挡弃土弃渣量	万 m³	91700	99.9	达标
			弃土弃渣总量	万 m³	91770		
5	林草植被恢复率	96	林草植被面积	hm²	1.28	98.5	达标
			可恢复林草植被面积	hm²	1.30		
6	林草覆盖率	21	林草植被面积	hm²	1.30	13	达标
			总面积	hm²	10.52		

（2）生态效益。工程建设完成后，各防治分区采取水保措施后，植被将逐步得到恢复，从而减少了泥沙冲蚀量，此外，提高植被覆盖度，可使当地的自然环境得到最大程度的改善，促进生态系统向良性循环发展。

（3）社会效益。通过采取水土保持措施，可以防止滑坡、崩塌等灾害的发生，降低水土流失危害，保障工程安全和周围农田、村庄居民的安全，对当地及周边社会的持续发展都具有积极的意义。

（4）经济效益。各项水土保持防治措施实施后，一方面增加了林地面积，产生经济效益；另一方面有效减少了水土流失现象的发生，从而避免泥沙淤塞河床，淹没农田，降低对农业、水利、渔业等方面的危害。因此，通过实施水土保持措施，可直接和间接获得较好经济效益。

20 马口水闸环境保护评价

20.1 设计依据

20.1.1 法律法规和技术文件

(1)《中华人民共和国环境保护法》(1989 年 12 月)。

(2)《中华人民共和国环境影响评价法》(2003 年 9 月)。

(3)《中华人民共和国水法》(2009 年 8 月)。

(4)《中华人民共和国水污染防治法》(2008 年 6 月)。

(5)《中华人民共和国大气污染防治法》(2000 年 9 月)。

(6)《中华人民共和国环境噪声污染防治法》(1997 年 3 月)。

(7)《中华人民共和国固体废物污染环境防治法》(2005 年 4 月)。

(8)《中华人民共和国水土保持法》(2011 年 3 月)。

(9)《中华人民共和国防洪法》(2009 年 8 月)。

(10)《中华人民共和国土地管理法》(2004 年 8 月)。

(11)《建设项目环境保护管理条例》(2009 年 8 月)。

(12)《中华人民共和国野生植物保护条例》(2009 年 8 月)。

(13)《中华人民共和国河道管理条例》(2011 年 1 月)。

(14)《中华人民共和国防洪法》(2009 年 8 月)。

(15)《中华人民共和国自然保护区条例》(2011 年 1 月)。

20.1.2 技术导则和规程

(1)《环境影响评价技术导则—总纲》(HJ 2.1—2011)。

(2)《环境影响评价技术导则—水利水电工程》(HJ/T 88—2003)。

(3)《环境影响评价技术导则—大气环境》(HJ 2.2—2008)。

(4)《环境影响评价技术导则—地面水环境》(HJ/T 2.3—1993)。

(5)《环境影响评价技术导则—声环境》(HJ 2.4—2009)。

(6)《环境影响评价技术导则—生态影响》(HJ 19—2011)。

(7)《水利水电工程环境保护设计规范》(SL 492—2011)。

(8)《水利水电工程环境保护概估算编制规程》(SL 359—2006)。

20.1.3 设计原则

环境保护设计针对工程建设对环境的不利影响,进行系统分析,将工程开发建设和地方环境规划目标结合起来,进行环境保护措施设计,力求项目区工程建设、社会、经济与环境保护协调发展。为此,环境保护设计遵循以下原则:

（1）预防为主、以管促治、防治结合、因地制宜、综合治理的原则。

（2）各类污染源治理，经控制处理后相关指标达到国家规定的相应标准。

（3）减少施工活动对环境的不利影响，力求施工结束后项目区环境质量状况较施工前有所改善。

（4）环境保护措施设计切合项目区实际，力求做到：技术上可行，经济上合理，并具有较强的可操作性。

20.1.4 设计标准

（1）环境质量标准。

1）《生活饮用水卫生标准》（GB 5749—2006）。

2）《地表水环境质量标准》（GB 3838—2002）。

3）《环境空气质量标准》（GB 3095—1996）。

4）《声环境质量标准》（GB 3096—2008）。

（2）污染物排放标准。

1）《建筑施工场界环境噪声排放标准》（GB 12523—2011）和《工业企业厂界环境噪声排放标准》（GB 12348—2008）。

2）《污水综合排放标准》（GB 8978—1996）。

3）《大气污染物综合排放标准》（GB 16297—1996）。

20.1.5 环境保护目标及环境敏感点

（1）环境保护目标。

1）生态环境：项目区生态系统功能、结构不受到影响。

2）东平湖水体不因工程修建而使其功能发生改变。

3）最大程度减轻施工区废水、废气、固废和噪声对环境敏感点的影响。

4）施工技术人员及工人的人群健康得到保护。

（2）环境敏感点。水闸建设位于山东东平湖湿地自然保护区实验区。

20.1.6 环境影响分析

（1）有利影响。工程建设有利于提高该地区的防洪排涝能力、确保下游防洪安全、促进经济社会发展。

（2）主要不利影响。

1）水环境影响。施工期间的废污水主要是施工人员生活污水和生产废水。生活污水主要来自施工人员的日常生活产生的污水，污水量很小。生产废水主要来自混凝土拌和系统和含油废水，本工程施工期废污水产生量少、污染物浓度低，经处理后回用，不外排，对水质影响很小，工程运行期不产生废污水。

2）环境空气影响。施工期间大气污染物主要是施工机械、车辆排放的 CO、NO_x、SO_2 及碳氢化合物以及车辆运输产生的扬尘，采取洒水等环境空气保护措施后，施工对环境空气影响不大。

3）噪声环境影响。工程施工期，噪声源主要有施工机械噪声和交通噪声，由于施工区周围是农田，所以对周围影响较小。

4）固体废物影响。本工程固体废物有生产弃渣和施工人员生活垃圾。弃渣处置详见水土保持部分，生活垃圾及时清运，采取这些措施后，固体废物对环境影响很小。

5）占地影响。本工程无永久占地，全部为临时占地，共占压土地120.83亩，占地将按规定给予补偿。

6）生态环境影响。工程施工开始后，工程临时占地上的植被将被铲除。工程区均为人工植被，因此施工仅造成一定的生物量损失，不影响当地的生物多样性。

水闸施工涉及的范围小，水闸施工对水生生物影响很小。

7）对自然保护区的影响。山东东平湖湿地自然保护区内有兽类4目9科16种，其中食肉目5种，黄鼬为优势种群，可有效控制鼠害；啮齿目6种，大仓鼠为优势种；兔形目仅草兔1种，数量较大；食虫目2种，刺猬为优势种群；翼手目2种，如家蝠，分布于住宅附近。兽类中黄鼬、艾虎、獾、豹猫、赤狐为省重点保护动物，黄鼬、赤狐也是《濒危野生动植物种国际贸易公约》中受保护的动物。

区域内有两栖类动物1目5科6种，区优势种为蟾蜍科的中华大蟾蜍和花背蟾蜍。两栖类动物中，金线蛙、黑斑蛙、东方铃蟾蜍为山东省重点保护动物。

爬行类共有2目5科9种，其中蛇类级壁虎、中华鳖为常见种类。

区域内共有鸟类185种，隶属于16目、46科。其中国家一级保护鸟类有大大鸨、白鹳2种，国家二级保护鸟类有大天鹅、鸳鸯、长耳鸮等22种，山东省重点保护鸟类35种。在《濒危野生动植物种国际贸易公约》中受保护的鸟类有29种；列入《中国与日本保护候鸟及其栖息环境协定》227种中有109种，占48%；列入《中国与澳大利亚保护候鸟及其栖息环境协定》81种中有25种，占31%。

保护区内共有藻类植物（主要指浮游植物）8门、1纲、19目、46科、115属；维管植物107科、333属、538种（含25变种、2变形、69个栽培种），其中水生维管植物28科58属103种（含4变种），陆生维管植物89科、302属435种。维管植物中有国家Ⅰ级、Ⅱ级、Ⅲ级保护植物9种，列入《中国珍稀濒危植物红皮书》植物2种，列入《濒危野生动植物种国际贸易公约》植物1种，列入"山东省稀有濒危植物"9种，区内有山东特有植物4种。

①工程施工对地表水环境的影响。工程施工对地表水环境产生的影响主要来自于施工中产生的废污水，工程施工生产生活营地、车辆冲洗场所均设置在保护区范围之外，产生的污水将在保护区外处理，因此不会对保护区产生不利影响。在加强相关环保措施的基础上，不会对保护区水体的总体水质产生明显的影响。

②工程施工对大气环境的影响。工程施工期的大气污染源为：取土场取土、车辆运输等过程中产生的扬尘，主要污染物为TSP，燃油机械在运行时排放的废气，主要污染物为TSP、SO_2和NO_2。施工中扬尘会影响到保护区鸟类的栖息环境。在施工过程中，可以通过洒水降尘、降低车速等方法尽量减少污染。

③工程施工对声环境的影响。工程中主要的噪声源为施工机械和车辆，工程施工期间产生的噪声会对保护区内的鸟类及其他野生动物产生一定程度的惊扰作用，特别是在夜间时，噪声作用的距离较远，影响程度有所增加。因此，需要对施工噪声采取相应的减噪措施，以减缓其影响。

④工程施工过程中产生的固体废弃物影响。工程产生的固体废弃物主要以生活垃圾为

主，各工程产生的垃圾量很少。生活垃圾采取集中收集、统一清运处理的措施后，不会对保护区环境产生大的影响。

⑤对保护区鸟类的影响。大鸨主要栖息于开阔的平原、干旱草原、稀树草原和半荒漠地区，也出现于河流、湖泊沿岸和邻近的干湿草地。主要吃植物的嫩叶、嫩芽、嫩草、种子以及昆虫、蛙等动物性食物，特别是象鼻虫、油菜金花虫、蝗虫等农田害虫，有时也在农田中取食散落在地的谷粒等。10月中旬它们开始集群迁徙，11月底到达越冬地点，一直停留到翌年的2月底再返回繁殖地，繁殖期为5～7月。工程施工期为2～6月，工程主要以土石方工程为主，工程施工规模较小，且工期基本错开了大鸨的活动期，影响较小。施工机械及人为活动会对大鸨产生惊扰作用。

留鸟主要栖息地为林地及荒滩农田，这些留鸟基本以昆虫、田间鼠类为食，大部分鸟类的繁殖期为每年的4～7月。工程的施工会对留鸟的栖息、觅食及繁殖等方面造成一定的影响，但这种影响的作用时间较短，影响的范围有限，且在保护区的其他范围内依然存在适合留鸟的生存环境，因此工程施工不会对鸟类产生不可逆的不利影响。

综上所述，工程施工会对生活在保护区内的鸟类在栖息、觅食、繁殖等方面产生一定的不利影响，但绝大部分影响均是小范围、短时间且程度较轻的，可以在相关环保措施和补偿措施的落实下得到有效的恢复和减缓，不会对鸟类产生明显的、长期的不利影响。

8）人群健康。在施工期间，由于施工人员相对集中，居住条件较差，易引起传染病的流行。施工期间易引起的传染病有：流行性出血热、疟疾、流行性乙型脑炎、痢疾和肝炎等。应加强卫生防疫工作，保证施工人员的健康。

（3）综合分析。工程对环境的不利影响主要集中在施工期。施工活动对施工区生态、水、大气、声环境将产生一定的不利影响；工程建设对提高防洪排涝能力、保证周围居民生命财产安全有积极的作用。

工程建设对环境的影响是利弊兼有，且利大于弊。工程产生的不利影响可以通过采取措施进行减缓。从环境保护角度出发，没有制约工程建设的环境问题，工程建设是可行的。

20.2　环境保护评价

20.2.1　水污染控制

工程施工期间废水主要包括排放的生产废水和生活污水。

（1）生产废水。

1）混凝土拌和系统冲洗废水的处理。混凝土拌和系统冲洗废水主要来源于交接班时混凝土系统的冲洗废水，废水在几分钟内排放，混凝土拌和系统冲洗废水每次的最大排放量1m³，每天冲洗1～2次。混凝土拌和系统冲洗废水产生量小、间断性排放，且排放是在几分钟内完成；废水污染物主要是SS，浓度约为5000mg/L，pH值12左右。根据混凝土拌和系统冲洗废水量小、间断排放的特点，其工艺流程见图20.2-1。

每台班末的混凝土拌和系统冲洗废水，排放进入沉淀池，静置沉淀到下一班末，沉淀时间在6h以上，处理后的废水回用于混凝土拌和，而不排放进入地表水体。根据废水处理效果，必要时投加絮凝剂；根据混凝土拌和对水质pH值的要求，确定是否需要投加酸加以中和。沉淀池的出水端设置为活动式，便于清运和调节水位。在沉淀池污泥沉淀到一

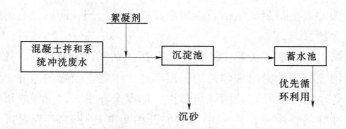

图 20.2-1　混凝土拌和冲洗废水处理工艺流程图

定程度则换备用沉淀池。原沉淀池的污泥进行自然干化，干化后用抓斗机抓取装运载斗车运至弃渣场。

混凝土拌和系统冲洗废水为每台班定时排放，且排放时间很短，仅仅为几分钟，每台班末排放量为 $1m^3$，沉淀池设计尺寸为：长×宽×高＝2m×1.5m×1m，蓄水池尺寸为：长×宽×深＝3m×2m×1m。

2）机械冲洗废水。根据施工机械冲洗废水的排放量和水质特点，拟在机械修理厂修建一个矩形池，在矩形池的入口处设置隔油材料，含油废水经过隔油材料自流进入水池，蓄满并投加混凝剂进行混凝吸附，回收浮油，停留12h到第二天排放并综合利用。该处理构筑物简单，没有机械设备维护的问题，在运行的过程中只要注意定时清洗、更换隔油材料、清池，按时回收废油运至弃渣场。其工艺流程见图 20.2-2。

矩形处理池的尺寸：长×宽×深＝2m×2m×1m；蓄水池尺寸：长×宽×深＝2m×2m×2m。达标后回用作机械设备冲洗水或绿地浇洒。

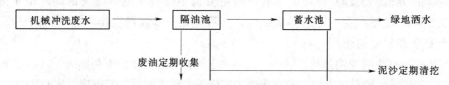

图 20.2-2　机械冲洗废水处理工艺流程图

（2）生活污水。生活污水包含有粪便污水和洗涤废水，主要污染物是 COD、BOD_5、氨氮等。工程施工区高峰期人数为 120 人，按高峰期用水量每人每天 $0.08m^3$ 计，排放率以 80％计，每天产生生活污水约 $7.7m^3$。为保证东平湖水质不受污染，在生活营地和施工区设立环保厕所。本工程采用机械化施工，由于施工人数较少，施工工期 4.5 个月，生活污水采取全部外运处理。

20.2.2　环境空气保护措施

施工期大气污染主要来自机械车辆、施工机械排放的尾气、道路扬尘，污染物主要为 CO、SO_2、NO_x、TSP、PM_{10} 等。为控制大气污染需采取以下措施：

（1）进场设备尾气排放必须符合环保标准，应选用质量高有害物质含量少的优质燃料，减少机械设备尾气的排放。

（2）加强机械、运输车辆管理，维护好车况，尽量减少因机械、车辆状况不佳造成的污染。

（3）物料运输时应加强防护，避免漏撒对沿线环境造成污染。

（4）道路、施工现场要定期洒水。一般情况下，每 2h 洒水 1 次，洒水次数可根据季节和具体情况进行增减。施工过程中，在瓜果开花季节，应增加洒水次数，尽量避免漂尘的影响。

（5）施工营地燃料宜采用清洁能源。

（6）加强施工人员的劳动保护措施，配备安全帽、工作服、口罩等防尘装备。

20.2.3 声环境保护措施

施工区噪声主要来源于交通车辆和施工机械噪声。控制噪声污染，需做好下列几个方面的工作：

（1）进场设备噪声必须符合环保标准，并加强施工期间的维修与保养，使其保持良好的运行状态。

（2）合理进行场地布置，高噪声设备尽量远离施工生活区，使施工场地达到《建筑施工场界噪声限值》（GB 12523—90）的标准。

（3）施工场地内噪声对施工人员的影响是不可避免的，对施工人员实行轮班制，控制作业时间，并配备耳塞等劳保用品，减轻噪声危害。

20.2.4 生态环境保护措施

（1）工程应该根据建筑物的布置、主体工程施工方法及施工区地形等情况，进行合理规划布置，尽可能地减少工程占压对植物资源产生的不利影响。加强施工期间的环境管理和宣传教育工作，防止碾压和破坏施工范围之外的植被，减少人为因素对植被的破坏。

（2）加强土壤保护，对临时机械维修点应铺设沙子以防含油废水污染土壤，污染后的沙子也要运往附近生活垃圾场妥善处理；工地上滴漏的油渍应及时清理。

（3）工程结束后，临时占地应按要求及时进行施工迹地清理，恢复原有土地功能或平整覆土。

20.2.5 固体废物处理措施

固体废弃物主要包括工程产生的弃渣和施工人员产生的生活垃圾。

生活垃圾的处理处置：施工期高峰人数 120 人，总工日 1.06 万个，按照每人每天产生 1kg 生活垃圾计算，约产生生活垃圾 10.6t。为防止垃圾乱堆乱倒，污染周围环境，在施工附属厂区、办公生活区及临时居住区等处设置垃圾箱，对垃圾进行定期收集，并指定专人运往附近垃圾场集中处理。施工弃土堆于堤防背河侧，弃石运往业主指定地点，不会对周围环境产生影响。

20.2.6 人群健康保护措施

（1）生活饮用水处理。本工程生活用水可直接在村庄附近打井取用或与村组织协商从村民供水井引管网取得，对食堂的饮用水储水器进行加漂白粉消毒，加漂白粉剂量为 $8g/m^3$。

（2）卫生防疫。

1）建档及疫情普查。为预防施工区传染病的流行，在施工人员进驻工地前，施工单位应对施工人员总数的 20％进行抽检，对食堂工作人员进行全面的健康调查和疫情建档，健康人员才能进入施工区作业。

建档内容主要包括：年龄、性别、健康状况、传染病史、来自地区等。普查项目：肺结核、传染性肝炎、痢疾等外来施工人员还应检查来源地传染病等。

2）疫情抽查及预防计划。在施工期内，进行疫情抽样检疫。疫情抽查内容主要为当地易发的肝炎、痢疾等消化道传染病、肺结核等呼吸道疾病以及其他疫情普查中常见的传染病，发现病情及时治疗。

为有效预防现场流行疾病，提高施工人员的抗病能力，定期对施工人群采取预防性服药、疫苗接种等预防措施。

20.2.7 自然保护区环境保护措施

（1）鸟类保护。

1）应合理安排工期，在4～6月施工时，应注意对夏候鸟及留鸟的保护，特别是在5～6月（夏候鸟及留鸟的繁殖期）；优化施工工艺，对施工人员加强教育，不得随意捕杀幼鸟，尽量减轻施工活动对鸟类的影响。

2）应在保护区管理人员的指导下对保护区鸟类进行观测，并根据管理部门的指导及时采取相应的保护措施。

（2）施工排污控制措施。

1）水污染物控制措施。位于保护区的水闸改建工程在施工期间，仅在保护区内设置环保厕所，所有生产、生活营地、车辆冲洗场所等均不得设置在保护区范围内。环保厕所产生的生活污水全部外运处理排放。采取这些保护措施后，工程施工不会对保护区水环境产生影响。

2）大气污染物控制措施。

①在保护区范围内，禁止设置固定大气污染源。

②尽量选用低能耗、低污染排放的施工机械，对于排放废气较多的施工机械，应安装尾气净化装置。

③加强施工机械、车辆的管理和维修保养，尽量减少因机械、车辆状况不佳造成的污染。

④为控制扬尘，大风天气时，尽量避免土料开挖，以免加剧扬尘。

⑤物料运输时应加强防护，适当加湿或盖上篷布，避免漏撒。

⑥根据气候和施工场地状况对施工场地和临时营地进行洒水降尘。

3）噪声污染控制措施。

①所有进场施工车辆、机械设备，外排噪声指标参数必须符合相关环保标准。

②施工过程中要尽量选用低噪声设备，对机械设备精心养护，保持良好的运行工况，减低设备运行噪声。

③限制高噪声设备的使用，并且禁止工程夜间施工和物料运输。

（3）管理措施。

1）施工招标时，应明确承包商对保护区物种多样性保护，特别是珍稀濒危野生动物的保护，以及环境保护的责任和义务。

2）保护区内的施工单位在进场前，必须制定严格的施工组织和管理细则，做好有关自然保护区知识和法律宣传工作，在施工区、生活区设置宣传牌，提高施工人员环境保护意识，设专人负责施工期的管理工作，严禁施工人员捕捉鸟类。

3）在工程施工区设置警示牌，标明施工活动区，严令禁止到非施工区域活动。

4）位于保护区内的工程，应在周围设置 10m 宽的作业带，施工车辆和人员必须在作业带内活动，严禁随意破坏周围植被，扩大扰动范围。

20.3 环境管理与监测

本工程的环境保护措施能否真正得到落实，关键在于环境管理规划的制订和实施。

20.3.1 环境管理目标

根据有关的环保法规及工程的特点，环境管理的总目标为：

（1）确保本工程符合环境保护法规要求。

（2）以适当的环境保护措施充分发挥本工程潜在的效益。

（3）使不利影响得到缓解或减免。

（4）实现工程建设的环境、社会与经济效益的统一。

20.3.2 环境管理机构及其职责

（1）环境管理机构的设置。工程建设管理单位配环境管理工作人员，安排专业环保人员负责施工中的环境管理工作。为保证各项措施有效实施，环境管理工作人员应在工程筹建期设置。

（2）环境管理工作人员职责。

1）贯彻国家及有关部门的环保方针、政策、法规、条例，对工程施工过程中各项环保措施执行情况进行监督检查。结合本工程特点，制定施工区环境管理办法，并指导、监督实施。

2）做好施工期各种突发性污染事故的预防工作，准备好应急处理措施。

3）协调处理工程建设与当地群众的环境纠纷。

4）加强对施工人员的环保宣传教育，增强其环保意识。

5）定期编制环境简报，及时公布环境保护和环境状况的最新动态，搞好环境保护宣传工作。

20.3.3 环境监理

为防止施工活动造成环境污染，保障施工人员的身体健康，保证工程顺利进行，应聘请 1 名环境监理工程师开展施工区环境监理工作。环境监理工程师职责如下：

（1）按照国家有关环保法规和工程的环保规定，统一管理施工区环境保护工作。

（2）监督承包人环保合同条款的执行情况，并负责解释环保条款。对重大环境问题提出处理意见和报告，并责成有关单位限期纠正。

（3）发现并掌握工程施工中的环境问题。对某些环境指标，下达监测指令。对监测结果进行分析研究，并提出环境保护改善方案。

（4）协调业主和承包人之间的关系，处理合同中有关环保部分的违约事件。

（5）每日对现场出现的环境问题及处理结果进行记录，每月提交月报表，并根据积累的有关资料整理环境监理档案。

20.3.4 环境监测

为及时了解和掌握工程建设的环境污染情况，需开展相应的环境监测工作，以便及时采取相应的保护措施。本次监测内容为：

（1）废污水监测。

监测断面：生产废水排放口。

监测范围：pH 值、SS、废水流量。

监测频率：施工高峰期一次。

（2）卫生防疫监测。

监测项目：鼠、蚊蝇密度监测。

监测范围：施工营地。

监测频率：施工高峰期一次。

（3）生态监测。

监测断面：对施工影响区域野生动植物进行监测。

监测因子：植物物种、存活率、密度和覆盖度、生物量等指标。

监测频率：从施工开始至工程完工，监测 2 次。完工后不定期抽检。

20.4 环境保护投资概算

20.4.1 环境保护概算编制依据

（1）编制原则。

1）执行国家有关法律、法规，依据国家标准、规范和规程。

遵循"谁污染，谁治理，谁开发，谁保护"原则。对于为减轻或消除因工程兴建对环境造成不利影响需采取的环境保护、环境监测、环境工程管理等措施，其所需的投资均列入工程环境保护总投资内。

"突出重点"原则。对受工程影响较大，公众关注的环境因子进行重点保护，在环保经费投资上给予优先考虑。

2）首先执行流域机构水利建设有关的定额和规定，当国家和地方没有适合的定额和规定时，参照类似工程资料。

（2）编制依据。

1）《水利水电工程环境保护概估算编制规程》（SL 359—2006）。

2）《工程勘察设计收费标准》（2002 年修订本，国家发展计划委员会、建设部）。

3）《建设工程监理与相关服务收费管理规定》（发改价格〔2007〕670 号）。

20.4.2 环境保护投资概算

马口闸工程的环境保护投资包括环境监测费、环境保护临时措施、独立费用、基本预备费，工程环境保护投资为 55.76 万元，投资概算详见表 20.4-1～表 20.4-4。

表 20.4-1 马口闸环境保护投资概算表 单位：万元

工程和费用名称	建筑工程费	植物工程费	仪器设备及安装费	非工程措施费	独立费用	合计
第一部分 环境保护措施						
一、生态保护措施						
第二部分 环境监测				3.60		3.60

工程和费用名称	建筑工程费	植物工程费	仪器设备及安装费	非工程措施费	独立费用	合计
一、废污水监测				1.00		1.00
二、卫生防疫监测				0.60		0.60
三、生态监测				2.00		2.00
第三部分 环境保护临时措施	22.32			6.46		28.78
一、废污水处理	22.32					22.32
二、扬尘控制				4.05		4.05
三、固体废物处理				1.68		1.68
四、人群健康保护				0.67		0.67
五、生态环境保护				0.06		0.06
第四部分 独立费用					18.31	18.31
一、建设管理费					3.56	3.56
二、环境监理费					4.00	4.00
三、科研勘测设计咨询费					11.00	11.00
第一至第四部分合计						50.69
基本预备费						5.07
环境保护总投资						55.76

表 20.4-2 马口闸环境监测概算表

序号	工程或费用名称	数量	单价/元	合计/万元	说明
一	废污水监测			2.00	
	机械冲洗废水	1	10000	1.00	
二	卫生防疫监测			0.60	
	鼠密度、蚊蝇密度	1	6000	0.60	
三	生态监测		20000	2.00	
	合计			3.60	

表 20.4-3 马口闸环境保护临时措施概算表

序号	工程或费用名称	单位	数量	单价/元	合计/万元	说明
一	废污水处理				22.32	
1	施工期生活污水处理				10.32	
	环保厕所	个	1	20000	2.00	
	生活污水清运	m^3	1039.5	80	8.32	
2	生产废水处理				12.00	
	隔油池	个	1	40000	4.00	
	沉淀池	个	1	20000	2.00	

序号	工程或费用名称	单位	数量	单价/元	合计/万元	说明
	蓄水池	个	2	30000	6.00	
二	扬尘控制				4.05	
	洒水水费	台时	405	100	4.05	
三	固体废物处理				3.34	
1	垃圾清运	t	10.6	200	0.21	
2	垃圾箱	个	2	200	0.12	
3	人工清扫费	月	4.5	1000	1.35	
四	人群健康保护				0.67	
1	施工区一次性清理和消毒	m²	3300	0.8	0.26	进场时消毒
2	施工人员健康保护	人	24	100	0.24	进场体检20%
3	卫生防疫	m²	3300	0.5	0.17	
五	生态环境保护				0.06	
1	警示牌	个	2	150	0.03	
2	公告栏	个	1	300	0.03	
	合计				28.78	

表 20.4-4　　　　　　　　　马口闸环境保护独立费用概算表

编号	工程费用	单位	数量	单价/元	合计/万元	说明
一	建设管理费				3.56	
1	环境管理经常费				1.62	
2	环境保护设施竣工验收费				1.30	
3	环境保护宣传费				0.65	
二	环境监理费	人/a	1.00	100000	4.00	4.5个月
三	科研勘测设计咨询费				11.00	
1	环境影响评价费				3.00	
2	环境保护勘测设计费				8.00	
	合计				18.31	

20.5　存在问题和建议

（1）在招标设计阶段，必须将有关环境保护条款列入合同条款，明确承包商的责任和义务，为施工期环境保护工作顺利开展提供保证。

（2）由于设计阶段的制约，环境保护设计中某些不够具体的地方需随着工程设计的深入进一步细化，以便于操作实施。

21 马口水闸工程管理设计

21.1 编制依据

(1)《水闸工程管理设计规范》(SL 170—96)。

(2)《水利工程管理单位定岗标准》。

21.2 工程概况

马口闸位于东平湖滞洪区围坝马口村附近,桩号79+300,由于马口闸年久失修,破损严重,不能满足防洪要求,一旦失事,将给东平湖周边地区造成巨大的经济损失,并对社会稳定产生不利影响。本次工程建设对马口闸进行拆除重建,消除险点隐患。

马口闸纵轴线与原闸相同,涵闸分为进口段、闸室段、箱涵段、出口竖井段及出口段,总长度104.7m。

21.3 管理机构

按照国务院、水利部及黄委会对基层单位"管养分离"改革的总体部署,建立职能清晰,权责明确的工程管理体系。本期工程建成后,由东平县东平湖管理局负责管理,并制定管理标准、办法和制度;具体工程、设施的维修、养护、运行操作、观测、巡查、管护等业务由专门的维修养护队伍承担。

东平湖旧闸除险加固工程马口闸竣工后交原管理单位管理,不另增设机构及管理人员。

21.4 工程管理范围及保护范围

为保证管理机构正常履行职责,使水闸安全运行,需划定管理范围,并设立标志。

根据《水闸工程管理设计规范》(SL 170—96)的规定,划定马口闸工程管理范围如下:

(1)水闸上游防冲槽至下游海漫段的水闸出口段以及建筑物上下游外轮廓线外50m范围内。

(2)两侧建筑物坡脚向外30m范围内。工程管理范围以内的土地及其上附属物归管理单位直接管理和使用,其他单位和个人不得擅入或侵占。

为保证工程安全,除上述管理范围之外,划定管理范围外50m为工程保护范围。工程保护范围内严禁进行深坑开挖、地下水开采、石油勘探、深孔爆破、油气田开采或构筑其他地下工程等可能影响水闸安全的施工。

21.5　交通、通信设施

东平湖旧闸除险加固工程马口闸建设完成后利用围坝堤顶道路作为对外交通公路。交通运输设备及通信设施暂用原管理单位现有设备，以后根据需要配备。

21.6　工程监测与养护

（1）应经常对建筑物各部位、闸门、启闭机、机电设备、通信设施、管理范围内的河道、水流形态进行检查。每月一次，遇不利情况，应对易发生问题部位加强检查观测。

（2）每年汛前、汛后或排水期前后应对水闸部位及各项设施进行全面检查。

（3）当水闸遇强烈地震和发生重大工程事故时，必须及时对工程进行特别检查。

（4）砌石部位应检查有无塌陷、松动、隆起、底部淘空、垫层散失；排水设施有无堵塞、损坏。

（5）混凝土建筑物有无裂缝、腐蚀、剥蚀、露筋及钢筋锈蚀；伸缩缝有无损坏、漏水及填筑物流失等。

（6）水下工程有无破坏；消力池、门槽内有无砂石堆积；预埋件有无损坏；上下游引河有无淤积、冲刷。

（7）闸门表面涂层剥落情况、门体变形、锈蚀、焊缝开裂或螺栓、铆钉松动；支撑行走机构是否运转灵活。

（8）启闭机运转情况，机电设备运转情况。

（9）应对水位、流量、沉降、水流形态等进行观测。在发生特殊变化时进行必要的专门观测。

（10）应按有关规定对水闸进行养护、岁修、抢修和大修。

22 马口水闸设计概算

22.1 编制原则和依据

（1）编制原则。设计概算按照现行部委颁布的有关水利工程概算的编制办法、费用构成及计算标准，并结合黄河下游工程建设的实际情况进行编制。价格水平年为2012年第三季度。

（2）编制依据。

1）水利部水总〔2002〕116号文"关于发布《水利建筑工程预算定额》、《水利建筑工程概算定额》、《水利工程施工机械台时费定额》及《水利工程设计概（估）算编制规定》的通知"。

2）水利部水总〔2005〕389号文关于发布水利工程概预算补充定额的通知。

3）水利部水建管〔1999〕523号文关于发布《水利水电设备安装工程预算定额》和《水利水电设备安装工程概算定额》的通知。

4）其他各专业提供的设计资料。

22.2 基础价格

（1）人工预算单价。根据水总〔2002〕116号文的规定，经计算工长7.15元/工时、高级工6.66元/工时、中级工5.66元/工时、初级工3.05元/工时。

（2）材料预算价格及风、水、电价格。价格水平年采用2012年第三季度，根据施工组织设计确定的材料来源地及运输价格计算主材预算价格：汽油9295元/t，柴油8485元/t，水泥516.03元/t，钢筋4500元/t，块石107.63元/m^3，碎石100.93元/m^3，砂112.57元/m^3。

砂石料、汽油、柴油、钢筋、水泥分别按限价70元/m^3、3600元/t、3500元/t、3000元/t、300元/t进入单价计算，超过限价部分计取税金后列入相应部分之后。

电价：1.26元/（kW·h）。

水价：0.5元/m^3。

风价：0.12元/m^3。

22.3 建筑工程取费标准

（1）其他直接费：包括冬雨季施工增加费、夜间施工增加费及其他，按直接费的2.5%计。

（2）现场经费：　　土方工程　　　　占直接费　　　9.0%

石方工程	占直接费	9.0%
混凝土工程	占直接费	8.0%
模板工程	占直接费	8.0%
钻孔灌浆工程	占直接费	7.0%
疏浚工程	占直接费	7.0%
其他工程	占直接费	7.0%

(3) 间接费：

土方工程	占直接工程费	9.0%
石方工程	占直接工程费	9.0%
混凝土工程	占直接工程费	5.0%
模板工程	占直接工程费	6.0%
钻孔灌浆工程	占直接工程费	7.0%
疏浚工程	占直接工程费	7.0%
其他工程	占直接工程费	7.0%

(4) 企业利润：按直接工程费与间接费之和的 7% 计算。

(5) 税金：按直接工程费、间接费和企业利润之和的 3.284% 计算。

22.4 概算编制

22.4.1 第一部分 建筑工程

(1) 主体工程部分按设计工程量乘以工程单价计算。

其他建筑工程：按主体工程投资的 2% 计取。

(2) 房屋建筑工程。启闭机房（砖混结构）1000 元/m²。

22.4.2 第二部分 机电设备及安装工程

设备费用按设计提供的设备数量乘以调研的价格，设备运杂费率为 5.93%。

安装工程费按设备数量乘以安装工程单价进行计算。

22.4.3 第三部分 金属结构设备及安装工程

设备费用按设计提供的设备数量乘以调研的价格，设备运杂费率为 5.93%。

安装工程费按设备数量乘以安装工程单价进行计算。

设备价格：闸门 11500 元/t，埋件 10500 元/t，卷扬机 22000 元/t。

22.4.4 第四部分 施工临时工程

(1) 施工仓库按 200 元/m² 计算。

(2) 办公、生活文化福利建筑按公式计算。

(3) 其他施工临时工程按第一至第四部分建安投资的 2.0% 计取。

22.4.5 第五部分 独立费用

(1) 建设管理费。

1) 建设单位人员经常费。

建设单位人员经常费：按照第一至第四部分建安投资的 1.2% 计算。

工程管理经常费：按建设单位人员经常费的 20% 计取。

2) 工程监理费。

按发改委、建设部发改价格〔2007〕670 号文计算。

（2）科研勘测设计费。根据国家计委、建设部计价格〔2002〕10 号《工程勘察设计收费标准》计算。

（3）其他。根据合同计列水闸安全鉴定费 37.84 万元。

22.5　预备费

基本预备费：按第一至第五部分投资的 6% 计算。

不计价差预备费。

22.6　移民占地、环境保护、水土保持部分

按移民、环保、水保专业提供的投资计列。

22.7　概算投资

工程静态总投资 907.55 万元，建筑工程 277.21 万元，机电设备及安装工程 3.37 万元，金属结构设备及安装工程 39.69 万元，临时工程 243.77 万元，独立费用 135.05 万元，基本预备费 41.95 万元，场地征用及移民补偿费 84.15 万元，水土保持投资 26.6 万元，环境保护投资 55.76 万元。

23 马口水闸节能设计

23.1 工程概况

马口闸位于东平湖滞洪区围坝马口村附近，桩号 79+300，由于马口闸年久失修，破损严重，不能满足防洪要求，一旦失事，将给东平湖周边地区造成巨大的经济损失，并对社会稳定产生不利影响。本次工程建设对马口闸进行拆除重建，消除险点隐患。

马口闸纵轴线与原闸相同，涵闸分为进口段、闸室段、箱涵段、出口竖井段及出口段，总长度 104.7m。

23.2 设计依据和设计原则

23.2.1 设计依据

(1)《中华人民共和国节约能源法》。

(2)《工程设计节能技术暂行规定》(GBJ 6—85)。

(3)《电工行业节能设计技术规定》(JBJ 15—88)。

(4)《水利水电工程节能设计规范》(GB/T 50649—2011)。

(5)《公共建筑节能设计标准》(GB 50189—2005)。

(6)《中国节能技术政策大纲》2006 年修订，国家发展和改革委员会、科技部联合发布。

(7)《国家发展改革委关于加强固定资产投资项目节能评估和审查工作的通知》(发改投资〔2006〕2787 号)。

(8)《国家发展改革委关于印发固定资产投资项目节能评估和审查指南（2006）的通知》(国家发展和改革委员会文件：发改环资〔2007〕21 号)。

23.2.2 设计原则

节能是我国发展经济的一项长远战略方针。根据法律法规的要求，依据国家和行业有关节能的标准和规范合理设计，起到节约能源，提高能源利用率，促进国民经济向节能型发展的作用。

水利水电工程节能设计，必须遵循国家的有关方针、政策，并应结合工程的具体情况，积极采用先进的技术措施和设施，做到安全可靠、经济合理、节能环保。

工程设计中选用的设备和材料均应符合国家颁布实施的有关法规和节能标准的规定。

23.3 工程节能设计

23.3.1 工程总布置及建筑物设计

布置方案位于老闸址上，减少工程占地和开挖回填量；建筑物布置紧凑合理，交通方便，运行管理简便，有利于降低工程运行管理费用和能源消耗。

23.3.2　金属结构设计

在金属结构设备运行过程中，操作闸门的启闭设备消耗了大量的电能，在保证设备安全运行的情况下降低启闭机的负荷，减少启闭机的电能消耗，实现节能。

水闸闸门采用平板闸门型式，平面闸门采用轮式支承可以显著降低启闭力，闸门的止水采用摩擦系数小、耐磨性强的橡塑复合材料。这些设计和新材料的选用降低了闸门的启闭力，从而减少了启闭机的容量和电能消耗。

23.3.3　电气设备设计

采用高效设备，合理选择和优化电气设备布置，以降低能耗；尽量使电气设备处于经济运行状态；灯具选用高效节能灯具并选用低损耗镇流器。

23.3.4　施工组织设计

（1）施工场地布置方案。在进行施工区布置时，分析各施工企业及施工项目的能耗中心位置，尽量使为施工项目服务的设施距能耗（负荷）中心最近，工程总能耗最低。

施工变电所位置应尽量缩短与混凝土拌和系统、综合加工厂及施工供水系统的距离，以减少线路损耗，节省能耗。

（2）施工辅助生产系统及其施工工厂设计。施工辅助生产系统的耗能主要是混凝土拌和系统、施工供风、施工供水等。在进行上述系统的设计中，采取了以下的节能降耗措施：

1）施工供风系统。尽量集中布置，并靠近施工用风工作面，以减少损耗。

2）施工供水系统。在工程项目实施时，为节约能源，应根据现场情况，施工生产和生活用水采用集中供水方式，并以自流供水为原则进行系统布置。

3）混凝土拌和系统。混凝土拌和系统的主要能耗设备为拌和机、空压机。在设备选型上，选择效率高能耗相对较低的设备。

（3）施工交通运输。由于工程对外交通便利，场内外交通运输均为公路运输，结合施工总布置进行统筹规划，详细分析货流方向、货运特性、运输量和运输强度等，拟定技术标准，进行场内交通线路的规划和布置，做到总体最优，减少运输能耗。

（4）施工营地建筑设计。按照建筑用途和所处气候、区域的不同，做好建筑、采暖、通风、空调及采光照明系统的节能设计。所有大型公共建筑内，除特殊用途外，夏季室内空调温度设置不低于 26℃，冬季室内空调温度设置不高于 20℃。

建筑物结合地形布置，房间尽可能采用自然采光、通风；外墙采用 240mm 厚空心水泥砌块；窗户采用塑钢系列型材，双层中空保温隔热效果好；面采用防水保温屋面。

采用节能型照明灯具，公共楼梯、走道等部位照明灯具采用声光控制。

23.4　工程节能措施

23.4.1　运行期节能措施

（1）变压器选用低损耗产品。

（2）合理选用导线材料和截面，降低线损率。

（3）主要照明场所应做到灯具分组控制，以使工作人员可根据不同需要调整照度。

（4）辅助设备制造厂家优先选用新开发的高效、节能电机，并提高电动机功率因素，降低无功损耗。

（5）对照明变压器应尽量避免运行电压波动过大，提高灯具的运行寿命，主要照明场所应做到灯具分组控制，根据不同工作环境的照明需要调整照度，不需要照明的时候应随时关掉电源，以达到全区节能运行。

（6）根据电动机运行工况选择合适的启动方式。

（7）尽量避免采用白炽灯作为照明光源，通常采用荧光灯、金属卤化物灯、高压钠灯等高效气体放电光源，或采用节能灯，以降低光源耗电量。

23.4.2 施工期节能措施

（1）主要施工设备选型及配套。为保证施工质量及施工进度，工程施工时以施工机械化作业为主，因此施工机械的选择是提高施工效率及节能降耗的工作重点。本工程在施工机械设备选型及配套设计时，按各单项工程工作面、施工强度、施工方法进行设备配套选择，使各类设备均能充分发挥效率，以满足工程进度要求，保证工程质量，降低施工期能耗。

1）混凝土浇筑设备选择及配套。施工设备的技术性能应适合工作的性质、施工场地大小和料物运距远近等施工条件，充分发挥机械效率，保证施工质量；所选配套设备的综合生产能力，应满足施工强度的要求。

所选设备应是技术先进，生产效率高，操纵灵活，机动性高，安全可靠，结构简单，易于检修和改装，防护设备齐全，废气噪音得到控制，环保性能好。注意经济效果，所选机械的购置和运转费用少，劳动量和能源消耗低，并通过技术经济比较，优选出单位成本最低的机械化施工方案。

选用适用性比较广泛、类型比较单一的通用的机械，并优先选用成批生产的国产机械，必须选用国外机械设备时，所选机械的国别、型号和厂家应尽量少，配件供应要有保证。

注意各工序所用机械的配套成龙，一般要使后续机械的生产能力略大于先头机械的生产能力，运输机械略大于挖掘装载机械的生产能力，充分发挥主要机械和费用高的机械的生产潜力。

2）土方开挖及填筑施工设备选择及配套。选用的开挖机械设备其性能和工作参数应与开挖部位的岩石物理力学特性、选定的施工方法和工艺流程相符合，并应满足开挖强度和质量要求。

开挖过程中各工序所采用的机械应既能充分发挥其生产效率，又能保证生产进度，特别注意配套机械设备之间的配合，不留薄弱环节。

从设备的供给来源、机械质量、维修条件、操作技术、能耗等方面进行综合比较，选取合理的配套方案。

（2）施工技术及工艺。推广节能技术，推广应用新技术、新工艺、利用科技进步促进节能降耗。

1）土方开挖。根据能耗分析，土石方开挖运输距离对机械能耗的影响较大，施工中应根据开挖料的性质合理安排存、弃渣部位，尽可能缩短运距。为此，应做好土石方平衡调配规划和施工道路规划。

2）土方填筑。本工程土石方填筑工程量大，土石料开采、运输和填筑能耗量大，在料场选择上，尽量利用靠近坝址的料场，回采用的渣场尽量靠近布置，在土石料开采、回采、运输和碾压时采用较大的机械设备。

3）混凝土施工。混凝土施工主要流程为：立模、扎钢筋、混凝土入仓、平仓振捣等。

在进行模板及钢筋吊运时，应尽量将仓面上需的模板、钢筋等杂物按起吊最大起重量一次性吊运入仓，以尽可能地减少施工机械的使用次数，以提高施工机械的使用效率。

合理安排仓面的浇筑顺序，混凝土平仓振捣机，仓面面积较小时采用手持式振捣器。控制好混凝土的坍落度，既可保证混凝土的质量，也可减少振捣时间。

混凝土施工技术及工艺尽量缩短施工设备各工序的工作循环时间及减少施工设备的使用次数，以提高施工机械的使用效率，达到节能降耗的目的。

（3）施工期建设管理的节能措施建议。根据本工程的施工特点，建议在施工期的建设管理过程中可采取如下节能措施：

1）定期对施工机械设备进行维修和保养，减少设备故障的发生率，保证设备安全连续运行。

2）加强工作面开挖渣料管理，严格区分可用渣料和弃料，并按渣场规划和渣料利用的不同要求，分别堆存在指定渣（料）场，减少中间环节，方便物料利用。

3）根据设计推荐的施工设备型号，配备合适的设备台数，以保证设备的连续运转，减少设备空转时间，最大限度发挥设备的功效。

4）生产设施应尽量选用新设备，避免旧设备带来的出力不足、工况不稳定、检修频繁等对系统的影响而带来的能源消耗。

5）合理安排施工任务，做好资源平衡，避免施工强度峰谷差过大，充分发挥施工设备的能力。

23.5　综合评价

23.5.1　分析

在工程施工期，对于土石方工程施工工艺与设备、交通运输路线与设备和混凝土拌和系统布置与设备选型需进行细致研究，以便节省施工期能耗。

工程运行期通过合理选择运行设备，加强运行管理和检修维护管理，合理选择运行方案，加强节能宣传，最大限度降低运行期能耗。

23.5.2　建议

工程建设期间，以"创建节约型社会"为指导，树立全员节能观念，加大节能宣传力度，提高各参建单位的节能降耗意识，培养自觉节能的习惯。

工程运行期，合理组织，协调运行，加强运行管理和检修管理，优化检修机制，节约能源。

24 码头水闸特色分析

24.1 工程位置及概况

东平湖码头泄水闸位于小安山隔堤以北，围坝桩号 25＋281 处，始建于 1973 年，为一级水工建筑物。设计 5 年一遇排涝流量为 50m³/s，设计泄水水位 39.50m（大沽高程，下同），设计防洪水位为 44.50m，校核防洪水位为 46.00m，下游水位 37.50m。

码头泄水闸为两孔一联钢筋混凝土箱涵式泄水闸，闸室段底板厚 1.3m，闸底板高程为 36.20m（大沽高程，下同），孔口尺寸为 4.5m×5.5m，中墩和边墩厚均为 0.8m；洞身分为两段，进口段长 20.0m，出口段长 16.0m，洞身底板厚 0.8m，涵洞四角均设高 0.5m 三角形护角，涵洞底板顶高程为 36.20m，顶板高程为 42.50m。水闸上游设黏土铺盖长 30.0m，厚度 0.9～1.4m，黏土铺盖上层设 0.4m 浆砌石防冲层，上、下游翼墙均采用浆砌石扭曲面挡土墙与浆砌石护坡连接。

码头泄水闸原工程特性见表 24.1-1。

表 24.1-1　　码头泄水闸原工程特性表

序号	名　　称	单　位	数　量	备　注
1	工程级别	级	1	
2	抗震设防烈度	度		
3	设计防洪水位	m	44.5	
4	校核防洪水位	m	46.0	大沽高程
5	下游水位	m	37.5	
6	排涝流量	m³/s	50	5 年一遇
7	闸首底板高程	m	36.2	大沽高程
8	闸孔数	孔×联	2×1	箱涵型式
9	洞身尺寸（宽×高）	m×m	4.5×5.5	
10	闸涵总长	m	36	
11	闸门型式			平板门
12	启闭机型式			卷扬启闭机
13	启闭机容量	t	4×15	

24.2　工程现状

码头泄水闸建成于 1973 年至今已运行 39 年，目前该闸已不能正常运行，从现场勘查及安全鉴定报告结果看，该闸主要存在以下问题：

（1）两边墩所设爬梯下部 2m 锈蚀严重。

（2）南桥头堡沉降严重，与启闭机房严重错位。

（3）右岸翼墙有一处竖向裂缝，海漫上块石凹陷且块石与块石结合部有砂浆脱落现象。

（4）左孔洞身第一节与闸室段相接处有一长 40cm 的顺水流向裂缝。

（5）桥头堡与启闭机房存在大量裂缝，且缝宽较大。

（6）闸门面板、主梁及门槽埋件锈蚀严重。

（7）工作便桥桥面板底部有 3 处断裂。

（8）启闭设备无供电线路，升降闸门靠手动。

（9）消力池浆砌石结构表面平整度差，所用块石形状不规则，且存在多处砌缝砂浆脱落的情况。

24.3　水闸安全鉴定结论

《码头泄水闸安全鉴定报告书》的鉴定结论如下：

根据水利部颁发的《水闸安全鉴定管理办法》（水建管〔2008〕214 号）和《水闸安全鉴定规定》（SL 214—98）及相关规范要求，有关单位完成了码头泄水闸的各项调查、检测和安全复核工作。专家组认为对码头泄水闸各鉴定项目的分析评价比较全面且基本符合实际，经过认真讨论，形成鉴定结论如下：

（1）该闸防洪标准不满足新湖防洪运用水位要求。

（2）过流能力满足设计要求。

（3）该闸消力池设计长度满足要求。

（4）该闸防渗系统已破坏，不满足防渗要求。

（5）在东平湖现设计防洪水位及校核防洪水位工况下，闸室最大基底应力、基底应力最大值和最小值之比不满足规范要求；平均基底应力和抗滑稳定系数满足规范要求。

（6）闸室段及洞身段混凝土强度、抗弯、抗剪能力及裂缝开展宽度均满足现行规范要求。

（7）闸门及其埋件损坏严重，已无法正常运行。

（8）启闭设备及电气控制系统已超过标准规定折旧年限，已无法正常运行。

（9）启闭机房及桥头堡裂缝较多，已成为危房。

综合以上情况，该闸存在严重安全隐患，评定为三类闸。

25 码头泄水闸除险加固处理措施研究

25.1 设计依据及基本资料

25.1.1 工程等别及建筑物级别

东平湖码头泄水闸的除险加固设计，工程等级采用安全鉴定复核的标准，主要建筑物级别为 1 级。

25.1.2 设计依据文件及规程规范

主要依据的规程规范有：

（1）《水闸设计规范》（SL 265—2001）。

（2）《水工混凝土结构设计规范》（SL/T 191—2008）。

（3）《混凝土结构加固设计规范》（GB 50367—2006）。

（4）《建筑地基基础设计规范》（GB 50007—2002）。

（5）《建筑桩基技术规范》（JGJ 94—2008）。

（6）《公路桥涵地基与基础设计规范》（JTJ 023—85）。

（7）《公路钢筋混凝土及预应力混凝土桥涵设计规范》（JTG D62—2004）。

（8）《水工建筑物荷载设计规程》（DL 5077—1997）。

（9）《水工建筑物抗冰冻设计规范》（SL 211—2006）。

（10）《水利水电工程初步设计报告编制规程》（DL 5021—93）。

（11）《堤防工程设计规范》（GB 50286—98）。

（12）《水利水电工程初步设计报告编制规程》（送审稿）。

（13）其他国家现行有关法规、规程和规范。

25.1.3 设计基本资料

（1）水位及流量。码头泄水闸原设计排涝流量 $89.0m^3/s$，宣泄库内底水的流量为 $150.0m^3/s$。5 年一遇排涝流量为 $50m^3/s$，设计防洪水位为 44.50m，校核防洪水位为 46.00m。

根据现行《水闸设计规范》（SL 265—2001）中规定，位于防洪堤上的水闸，其防洪标准不得低于防洪堤的防洪标准。根据水利部黄河水利委员会文件（黄汛〔2002〕5 号）"关于东平湖运用指标及管理调度权限等问题的批复"中的数据，可知新湖最高防洪运用水位为 45.00m，因此，本次码头泄水闸设计防洪水位取 45.00m。

（2）地震烈度。根据《中国地震动参数区划图》（GB 18306—2001）工程区 50 年超越概率 10% 地震动峰值加速度为 $0.10g$，相应地震基本烈度为 7 度。

25.2 码头泄水闸现状及修复设计

25.2.1 水闸安全状态综合评价内容

2009年5月19日山东黄河河务局审定的《码头泄水闸安全鉴定报告书》的鉴定结论如下。

根据水利部颁发的《水闸安全鉴定管理办法》（水建管〔2008〕214号）和《水闸安全鉴定规定》（SL 214—98）及相关规范要求，有关单位完成了码头泄水闸的各项调查、检测和安全复核工作。专家组认为对码头泄水闸各鉴定项目的分析评价比较全面且基本符合实际，经过认真讨论，形成鉴定结论如下：

（1）该闸防洪标准不满足新湖防洪运用水位要求。

（2）过流能力满足设计要求。

（3）该闸消力池设计长度满足要求。

（4）该闸防渗系统已破坏，不满足防渗要求。

（5）在东平湖现设计防洪水位及校核防洪水位工况下，闸室最大基底应力、基底应力最大值和最小值之比不满足规范要求；平均基底应力和抗滑稳定系数满足规范要求。

（6）闸室段及洞身段混凝土强度、抗弯、抗剪能力及裂缝开展宽度均满足现行规范要求。

（7）闸门及其埋件损坏严重，已无法正常运行。

（8）启闭设备及电气控制系统已超过标准规定折旧年限，已无法正常运行。

（9）启闭机房及桥头堡裂缝较多，已成为危房。

综合以上情况，该闸存在严重安全隐患，评定为三类闸。建议尽快进行除险加固。

25.2.2 针对评价结论进行除险加固设计内容

除险加固工程维持原闸设计规模，除险加固的主要内容为：

（1）修复补强闸墩、涵洞内壁、涵洞出口处混凝土缺陷。

（2）拆除重建机架桥、启闭机房、桥头堡、围护栏。

（3）修复闸室与上游铺盖及涵洞、涵洞与涵洞间沉降缝止水。

（4）锥探压力灌浆加固闸首、涵洞与围坝之间的接触缝面。

（5）凿除更换门槽预埋件，更换工作闸门及其固定卷扬式启闭机。

（6）扩容动力电源，更换电气设备。

（7）新设渗压观测设施。

（8）对码头泄水闸管理区进行景观绿化。

《东平湖码头泄水闸工程安全鉴定报告》对整个水闸的现场勘测及检测，列出该闸主要存在问题，本阶段除险加固设计针对问题采取相应的修复设计及加固措施，具体如下：

1）鉴定："1. 该闸防洪标准不满足新湖防洪运用水位要求。"，"5. 在东平湖现设计防洪水位及校核防洪水位工况下，闸室最大基底应力、基底应力最大值和最小值之比不满足规范要求；平均基底应力和抗滑稳定系数满足规范要求。"

针对设计防洪水位提高0.5m水头，本设计对除险加固后的水闸重新进行渗流分析、稳定分析计算，分析结果为在防洪标准满足新湖防洪运用水位要求下，水闸稳定满足《水闸设计规范》（SL 265—2001）的要求。

2）鉴定："2. 过流能力满足设计要求。"，"4. 该闸防渗系统已破坏，不满足防渗要求。"

本次除险加固工程对现码头泄水闸铺盖、闸室流道、过水涵洞、消力池、海漫进行清淤，清淤工程量 1412m³。修复闸室与上游铺盖及涵洞、涵洞与涵洞间沉降缝止水，经计算修复后的水闸防渗系统满足防渗要求。

3）鉴定："7. 闸门及其埋件损坏严重，已无法正常运行。"，"8. 启闭设备及电气控制系统已超过标准规定折旧年限，已无法正常运行。"

码头水闸闸门面板、主梁及门槽埋件锈蚀严重，局部已完全锈损；启闭设备已超过现行标准使用年限，多数部件属淘汰产品，制动轮、齿轮磨损严重；启闭机减速箱均漏油严重；钢丝绳存在锈蚀、断丝现象；无高度限制器及负荷控制器，存在安全隐患；主要电气元件为 20 世纪 70 年代产品，严重老化。

本次除险加固工程对原水闸门槽进行凿除，重新浇筑二期混凝土门槽，更换闸门、启闭机及电气设备、配备消防设施。

4）鉴定："9. 启闭机房及桥头堡裂缝较多，已成为危房。"

由于地基的不均匀沉降，启闭机房在楼梯间开裂错位达 102.0mm，超出了规范要求，同时，启闭机下 4 根 T 形梁挠度较大，均不能满足规范要求。

本次除险加固工程对原闸启闭机房、机架桥、楼梯间进行拆除重建，对闸室边墩处的围坝进行锥探灌浆。

5）其他除险加固工程部分。

拆除海漫上块石凹陷块石，对块石与块石结合部有砂浆脱落部位进行砂浆灌缝。